Business-Knigge
für Dummies

Dirk Gillmann

Business-Knigge
für Dummies

WILEY-
VCH

WILEY-VCH Verlag GmbH & Co. KGaA

**Bibliografische Information
der Deutschen Nationalbibliothek**
Die Deutsche Nationalbibliothek verzeichnet diese
Publikation in der Deutschen Nationalbibliografie;
detaillierte bibliografische Daten sind im Internet
über http://dnb.d-nb.de abrufbar.

1. Auflage 2011
1. Nachdruck 2015

© 2011 WILEY-VCH Verlag GmbH & Co. KGaA, Weinheim

Printed in Germany

Gedruckt auf säurefreiem Papier

Korrektur: Petra Heubach-Erdmann und Jürgen Erdmann, Düsseldorf
Coverfoto: © Fotolia.com-Astock
Satz: inmedialo UG, Plankstadt
Druck und Bindung: CPI – Ebner & Spiegel, Ulm

ISBN: 978-3-527-70651-8

Cartoons im Überblick

von Rich Tennant

Seite 23

Seite 109

Seite 189

Seite 233

Fax: 001-978-546-7747
Internet: www.the5thwave.com
E-Mail: richtennant@the5thwave.com

Inhaltsverzeichnis

Kapitel 2
Knigge jeden Tag   49

Kapitel 3
Vom Umgang mit König Kunde   79

Teil III
Etikette für Fortgeschrittene   *189*

Kapitel 7
Veranstaltungen planen und durchführen   *191*

Kapitel 8
Business-Etikette im Ausland 211

Teil IV
Der Top-Ten-Teil — 233

Kapitel 9
Zehn Hinweise für Berufseinsteiger — 235

Kapitel 10
Zehn Merkmale eines guten Restaurants — 243

Einführung

Viel Vergnügen bei der Lektüre Ihres neuen literarischen Erwerbs: *Business-Knigge für Dummies*!

Eventuell erscheint Ihnen dieser Wunsch ein wenig zu früh, gar unangebracht. Denn schließlich soll es in diesem Buch ja um den korrekten Benimm gehen, und das sogar im beruflichen Kontext. Kann dabei Spaß aufkommen?

Meine Antwort darauf ist ein klares »Ja!« Haben Sie keine Freude an dem guten, richtigen und wertschätzenden Umgang mit Menschen, dann werden Sie sich dieses Buch niemals gekauft haben. Verzeihen Sie mir den erhobenen Zeigefinger: Sie sollten unbedingt diese Freude verspüren!

Gerade im Job sollte der Spaß mit den Mitmenschen nicht zu kurz kommen. Denn: Haben Sie schon einmal nachgerechnet, wie viele Stunden Sie in der Woche mit Ihren Kolleginnen und Kollegen verbringen und wie viel mit Ihrer Familie und Freunden? Ich schränke weiter ein: Berücksichtigen Sie dabei nur die Zeit, die Sie auch wach sind!

Der ein oder andere wird von dem Ergebnis überrascht sein. Daher ist es besonders wichtig, für all die täglich wiederkehrenden Situationen im Berufsleben gerüstet zu sein. Das meint auf der einen Seite sicherlich die fachlichen Kompetenzen, ohne die Sie Ihren Beruf nicht exzellent ausüben können.

Hinzu kommt eine immer mehr an Bedeutung gewinnende Komponente. Die so genannten »soft skills«. Zu denen kann die Business-Etikette durchaus gezählt werden.

Mein Anliegen in diesem Buch ist es, Ihnen zu zeigen, wie wichtig die richtige Etikette in vielen Situationen ist und wie leicht es Ihnen die Kenntnis der korrekten Umgangsformen im Alltag macht. Zugleich möchte ich Ihnen auch Spaß vermitteln und vielleicht sogar die ein oder andere Befürchtung entkräften. Lassen Sie sich überraschen!

Über dieses Buch

Einiges habe ich Ihnen nun schon verraten. Ihr *Business-Knigge für Dummies* eignet sich für eine entspannte Abendlektüre. Darüber hinaus können Sie das Buch aber auch sehr spezifisch nach den für Sie wichtigsten Informationen durchsuchen. Vielleicht nehmen Sie auch das ein oder andere Kapitel als Grundlage für eine Diskussion in einer der nächsten Teamrunden.

Neben klassischen Regeln werden Sie vielfältige Hinweise für richtiges Verhalten finden. Dabei sind etliche Beispiele aus dem beruflichen Kontext eingefügt, die Ihnen die Übertragung in Ihren Alltag erleichtern sollen.

Daneben werde ich Ihnen Hintergründe bis hin zu einigen Theorien vorstellen. Damit erhalten Sie einen vollständigen Überblick und können auch die diskutierten Etikette-Themen in anderen Fachgebieten zum Einsatz bringen, zumindest jedoch mit diesen in Zusammenhang bringen.

Tabellen und Abbildungen dienen zum einen dem besseren Verständnis, zum anderen der Auflockerung der Lektüre. Die Fotos entstanden unter der professionellen Mithilfe des Seehotels Plau am See.

Zudem gilt mein Dank Herrn Geng Jun Wu, Geschäftsführer der Pateo Investment GmbH in Berlin. Mit ihm durfte ich ein Interview zur Etikette in China führen.

Wie Sie dieses Buch verwenden

Sie können den vorliegenden ... *für Dummies*-Band in vielfältiger Form nutzen. Die klassischste Variante ist sicherlich, dass Sie das Buch einfach von der ersten bis zur letzten Seite durchlesen. Sie haben damit natürlich den Vorteil, dass Ihnen kein Detail entgeht, Sie Verknüpfungen herstellen können und auch durch einige Wiederholungen Ihr »Lernen« und »Verstehen« unterstützt wird.

Eine andere Möglichkeit besteht darin, dass Sie sich dem Inhalts- und dem Stichwortverzeichnis anvertrauen. Sie suchen für bestimmte Situationen Hinweise, Regeln oder Lösungen? Dann werden Sie in den genannten Verzeichnissen fündig.

Für die Schnellleser unter Ihnen eignet sich die Schummelseite. Hier finden Sie die aus meiner Sicht elementarsten Richtlinien der modernen Business-Etikette. Und wenn Sie dort die Neugier packt, können Sie wie vorher dargestellt das Buch nutzen: entweder als vollständige Lektüre oder als Nachschlagewerk.

Törichte Annahmen über den Leser

Ich habe Ihnen bereits Interesse am guten Umgang mit Ihren Mitmenschen unterstellt. Davon rücke ich nicht ab, auch wenn ich in den nächsten Zeilen ein wenig provokativ sein werde. Denn wenn Sie sich selbst zu den nachfolgend aufgeführten Verhaltensweisen bekennen würden, kaufen Sie sich viele Bücher, nur nicht dieses.

✔ Sie möchten die Regeln des Knigge am liebsten »knicken«.

✔ Sie finden es völlig übertrieben, im Berufsalltag höflich zu sein. Es genügt Ihnen völlig, sich zu Weihnachten zu benehmen.

✔ Dem zartesten Pflänzchen in der Servicewüste gehen Sie mit einer frisch geschliffenen Sense an den Kragen.

✔ Sie zeigen immer ein modebewusstes Auftreten, deshalb nehmen Sie die überdimensionierte Sonnenbrille auch nicht im Gespräch mit Ihren Kunden ab.

✔ Briefe schreiben Sie nicht, das Telefon in Ihrem Büro ignorieren Sie auch nach dem zwanzigsten Klingeln.

✔ Ihre Kunden, aber auch Ihre Mitarbeiter laden Sie nur dann zum Sterne-Koch ein, wenn der Ihnen auch »Pommes rot-weiß« servieren kann.

✔ Eine von Ihrem Unternehmen durchgeführte Kundenveranstaltung gibt Ihnen endlich die Möglichkeit, sich satt zu essen.

✔ Im Ausland verhalten Sie sich natürlich wie zu Hause. Schließlich bringen Sie ja auch Ihre Devisen mit.

✔ Im Bewerbungsgespräch ist Ihr wichtigster Diskussionsbeitrag die forsche Frage nach dem ersten Urlaub.

Natürlich haben Sie sich nicht wiedererkannt!

Wie dieses Buch aufgebaut ist

Im Laufe des Buches werden die behandelten Themen immer spezieller. Ich beginne mit allgemeinen Hintergründen und Konventionen der Etikette. Danach gewinnt das Geschäftsleben zunehmend die Überhand.

Auch einzelne, sehr spezielle Themen – zum Beispiel das korrekte Telefonieren – erhalten ihren Raum.

Nachdem auch die fortgeschrittenen Knigge-Anhänger ihr Wissen vertiefen konnten, finden Sie einen abschließenden Top-Ten-Teil.

Insgesamt erwarten Sie vier Teile mit insgesamt zehn Kapiteln.

Teil I: Grundlagen des richtigen Benehmens

Der erste Teil ist zunächst etwas allgemeiner gehalten. In Kapitel 1 erfahren Sie einiges zum Freiherrn von Knigge und seiner Übertragung in die moderne Zeit. Was Wertschätzung bedeutet, werden Sie nicht nur in der Theorie lesen, sondern auch anwendbar finden, spätestens, wenn Sie die »Goldenen Regeln« kennen lernen.

Danach geht es in Kapitel 2 in Ihren beruflichen Alltag. Als Mitarbeiter, Kollege und Führungskraft sind Sie immer wieder aufs Neue gefragt und gefordert. Verschaffen Sie sich zusätzliche Sicherheit!

Für den richtigen Umgang mit Ihrem Kunden sind Sie nach dem Lesen von Kapitel 3 gut gerüstet. Sie wissen auch in schwierigen Situationen, sich korrekt zu verhalten und eventuell richtig anzupassen.

Teil II: Stilsicheres Auftreten in jeder Situation

Wie versprochen wird es in diesem Teil deutlich spezieller. In Kapitel 4 diskutieren wir das Thema »Kleidung«. Welche Dresscodes gibt es und wie kleiden Sie sich korrekt?

Weiter geht es in Kapitel 5 mit der schriftlichen Konversation. Einen Brief korrekt zu gestalten ist das eine. Er sollte aber auch wertschätzend und zugleich interessant sein. Um der Frage zuvorzukommen: Ja, auch das hat viel mit gelebter Etikette zu tun!

Nach einem kleinen Abstecher in die Welt des korrekten Telefonierens widmen wir uns in Kapitel 6 kulinarischen Genüssen. Sie sind jetzt zwar nicht von mir zum Essen eingeladen, dennoch erneuern Sie Ihre Kenntnisse der modernen Tischetikette. Sie sind danach gewappnet für Ihre Rolle als Gast und können gleichzeitig den perfekten Gastgeber darstellen.

Teil III: Etikette für Fortgeschrittene

Im privaten Umfeld Gäste zu empfangen, ist für den ein oder anderen unter Ihnen vielleicht schon eine echte Herausforderung. Sollten Sie – wenn auch nicht hauptberuflich – Events für Kunden planen, dann empfiehlt sich das Kapitel 7. Hier erfahren Sie die wichtigsten Tipps für einen reibungslosen Ablauf.

Und wenn es Sie freiwillig oder gezwungen ins Ausland zieht, sollten Sie sich vorbereiten. Eine Möglichkeit bietet Ihnen Kapitel 8. Sie erfahren einiges über die Etikette in den aus meiner Sicht im beruflichen Kontext interessantesten Ländern.

Teil IV: Der Top-Ten-Teil

Zwei Kapitel beschließen dieses Buch. Kapitel 9 enthält zehn elementare Hinweise für Berufseinsteiger. Hier erhalten Sie die Knigge-Grundlagen für einen erfolgreichen Start Ihrer Karriere.

Interessieren Sie sich – beruflich oder auch privat – noch mehr für die Gastronomie? Dann beachten Sie die zehn Merkmale für gute Restaurants in Kapitel 10.

Symbole, die in diesem Buch verwendet werden

Sie werden in den Kapiteln Symbole finden, die eine bestimmte Bedeutung haben. Nachfolgend finden Sie die Übersicht über alle verwendeten Symbole:

Bei diesem Symbol gebe ich Ihnen einen Tipp für Ihr tägliches Verhalten. Zum Teil erhalten Sie aber auch eine konkrete Handlungsempfehlung zu den im Fließtext dargestellten Themen.

Achtung Fettnäpfchen! Gerade in der Etikette ist es sinnvoll, Sie mit einigen Warnungen zu konfrontieren. Das tue ich aber nicht, ohne Ihnen Auswege aus prekären Situationen aufzuzeigen.

Lernen durch Wiederholung ist sicherlich empfehlenswert. Mit diesem Erinnerungssymbol weise ich Sie auf Inhalte hin, die auch an anderer Stelle in dem Buch schon behandelt worden sind. Es lohnt sich dann das Nachschlagen!

Sie sind an Hintergründen interessiert? Dann schauen Sie aufmerksam auf dieses Symbol. Denn hier gebe ich Ihnen vertiefende Einblicke, die Ihr Verständnis erweitern können.

Doch nun genug der Vorrede: Blättern Sie weiter! Viel Spaß bei *Business-Knigge für Dummies*!

Teil I

Grundlagen des richtigen Benehmens

In diesem Teil ...

Im ersten Teil Ihres neuen *Business-Knigge für Dummies* erfahren Sie mehr über Hintergründe der modernen Etikette im Beruf. Dabei werde ich Ihnen psychologische Hintergründe sowie praktische Anwendungsgebiete schildern.

Zugleich lade ich Sie ein, etwas über den alltäglichen »Knigge« zu erfahren. Denn schließlich wollen Sie mit Kollegen, Führungskräften, Mitarbeitern und Kunden stets stilsicher und höflich umgehen.

Freiherr von Knigge und seine moderne Interpretation

In diesem Kapitel

▶ Was Wertschätzung heißt

▶ Welche grundsätzlichen Regeln es heute gibt

▶ Wie Sie einen Bogen vom Freiherrn Knigge zur modernen Etikette spannen können

▶ Wie ein Eindruck entsteht

---

*W*er an Etikette oder schlicht an gutes Benehmen denkt, der wird an dem Namen eines berühmten Deutschen kaum vorbeikommen: Adolph Freiherr von Knigge.

Dieser Mann steht wie kein Zweiter für stilsicheres Auftreten, für perfekten Benimm und ausgesuchte Höflichkeit. Doch zu Recht? Mit »Ja!« können Sie diese Frage nur zum Teil beantworten. Natürlich hat Knigge sich darum bemüht, dass Menschen besser miteinander auskommen. Und vieles kann auch noch heute als vorbildlich und nachahmenswert bezeichnet werden.

Doch bei genauerem Hinsehen müssen wir feststellen, dass unsere modernen Etiketteregeln nur sehr bedingt auf den Freiherrn zurückzuführen sind. Und das beschränkt sich auch noch auf Deutschland.

 Sollten Sie sich in österreichischen Bibliotheken nach Knigge im Sinne des guten Benehmens umsehen, werden Sie schwerlich fündig. Denn in der Alpenrepublik gilt nicht »Knigge« als Synonym, sondern der »Elmayer«! Erinnert Sie dieser Name an eine Tanzschule? Mit Recht! Denn die Tanzschule Elmayer ist Hort des guten Benehmens und erste Adresse zu allen Fragen der Umgangsformen in Österreich.

Lassen Sie uns eintauchen in die Welt des modernen Benehmens im Beruf und dabei auch den einen oder anderen Hintergrund aufdecken.

Knigges Erbe

Ich beginne mit einem Zitat, das Knigge zugeschrieben wird, ohne es weiter zu kommentieren:

Der Mensch will unterhalten werden, nicht belehrt!

Abbildung 1.1: Adolph Freiherr von Knigge

Freiherr Knigge (siehe Abbildung 1.1) steht wie kein Zweiter für den wertschätzenden Umgang der Menschen untereinander. Sein Buch »Über den Umgang mit Menschen« ist entgegen der landläufigen Meinung kein Benimm-Buch. Sie erfahren dort zum Beispiel nichts über das korrekte Verwenden von Messer und Gabel.

Vielmehr ging es dem Humanisten Knigge darum, über soziale und hierarchische Grenzen oder Ebenen hinweg Empfehlungen auszusprechen, wie Menschen mit hoher Achtung voreinander sittsamen Umgang pflegen können. Und davon können wir auch heute noch lernen.

Wer war Adolph Freiherr Knigge?

Knigge wurde am 16. Oktober 1752 unter dem vollständigen Namen Adolph Franz Friedrich Ludwig von Knigge in Bredenbeck bei Hannover geboren. Er entstammte einer alten Adelsfamilie, die jedoch verarmt war.

Bereits im noch jugendlichen Alter von 14 Jahren wurde Adolph Vollwaise und erbte: nichts! Doch das stimmt nicht ganz, denn eine ansehnliche Schuldensumme konnte er sein Eigen nennen.

Dennoch gelangte er – veranlasst von seinem Vormund – zur Erziehung und schulischen Ausbildung nach Hannover. 1769 konnte Knigge in Göttingen Jura studieren. In Göttingen verweilte er drei Jahre lang, bis er eine Anstellung als Assessor der Kriegs- und Domänenkammer in Kassel erhielt. Sein erster Arbeitgeber war damit der Landgraf Friedrich II. von Hessen-Kassel.

Zwar hielt diese Anstellung nur kurz, doch lernte Knigge in dieser Zeit seine Ehefrau Henriette von Baumbach kennen, mit der er eine Tochter – Philippine – hatte. Seine Ehe hielt im Übrigen bis zu seinem Tode.

1776 ernannte Herzog Carl August von Sachsen-Weimar den Freiherrn zum Weimarer Kammerherrn. Das Leben als Höfling begeisterte ihn allerdings nicht, weshalb er sich ab 1780 seiner Leidenschaft als Schriftsteller vermehrt widmete.

Im Zeitalter der Humanisten lebend, schloss sich Knigge den Freimaurern und wohl auch dem Illuminatenorden an. Letztem gehörte er jedoch nur bis 1784 an, denn die Auffassungen waren wohl doch zu unterschiedlich.

Der Freiherr setzte sich durchaus positiv und unterstützend mit der Französischen Revolution auseinander. Hier fand er seine aufklärerischen Gedanken in die Tat umgesetzt.

Seine – adeligen – Zeitgenossen konnten dem allerdings nicht sonderlich viel abgewinnen. Knigge wurde als suspekt eingestuft. Und das nicht zuletzt durch die Veröffentlichung diverser kritischer Schriften.

Knigge lebte bürgerlich, seinen Lebensunterhalt verdiente er durch seine Schriftstellerei. Das funktionierte im eher reaktionär regierten Deutschland jedoch nur bedingt, so dass er schließlich im Jahr 1790 nach Bremen gelangte, um dort im Rang eines Oberhauptmanns der britisch-hannoveranischen Regierung zu dienen. Die Geldnot ließ ihm keine Wahl.

In den letzten Jahren seines aus heutiger Sicht kurzen Lebens widmete sich Adolph Knigge auch dem Kulturleben der Stadt.

Adolph Freiherr Knigge verstarb am 6. Mai 1796 in Bremen. Seine letzte Ruhestatt fand er im dortigen Dom.

Wertschätzung im beruflichen Alltag

Wenn Sie sich nun vorstellen, in Ihrem Alltag unterwegs zu sein, zum Beispiel im Büro, vielleicht im direkten Kontakt mit Kunden, wie können Sie die Grundgedanken Knigges für sich übersetzen?

Meine Empfehlung lautet: Behandeln Sie Ihr Gegenüber immer mit dem Maß an Wertschätzung, das Sie auch für sich selbst in Anspruch nehmen. Wenn Sie so handeln, machen Sie schon grundsätzlich alles richtig.

Das sollte Sie in Ihrem Tun schon beruhigen und bestärken. Alle Regeln, Normen und weiteren Empfehlungen, die Sie in diesem Buch lesen werden, gelten der technischen Umsetzung der Wertschätzung.

 Sich gut benehmen zu können, heißt definitiv nicht, alle Regeln perfekt anwenden zu können. Vielmehr bedeutet gutes Benehmen, sich selbst der gelebten Wertschätzung verpflichtet zu fühlen. Gelingt Ihnen das in Kombination mit der Einhaltung diverser Normen, haben Sie eine wirkliche Synergie geschaffen.

Mit Recht können Sie jetzt noch ergänzen: Nicht jeder kennt die aktuellen Regeln der modernen Business-Etikette. Daher kann es ja immer wieder zu Missverständnissen kommen.

Dem kann und will ich gar nicht widersprechen. Vielleicht hilft Ihnen aber die Unterscheidung zwischen »korrektem« und »richtigem« Verhalten.

 Zwar spreche ich von Normen und Regeln. Dennoch weise ich Sie auf eines ganz bewusst hin: Es gibt einen Unterschied zwischen »korrektem« und »richtigem« Verhalten. Korrekt sind Sie, wenn Sie sich an diese Normen und Regeln halten. Doch tun Sie das bitte nicht sklavisch! Entscheiden Sie situativ, welches Verhalten sinnvoll – und damit richtig – ist. Entscheidend ist, dass Sie das Korrekte kennen, um sich an das Richtige anpassen zu können. Tun Sie das nicht, so können Sie schnell in die Ecke der Arroganz geschoben werden.

Es kommt also sehr stark auf Ihre Beobachtungs- und Interpretationsgabe an. Und um Ihnen hierfür eine erste kleine Unterstützung zu geben, folgen nun »Goldene Regeln« der Etikette.

»Goldene Regeln«

Wenn Sie die beiden »Goldenen Regeln« kennen, haben Sie schon den Grundstein für ein angemessenes Verhalten gelegt:

✔ Links schützt rechts.

✔ Rang vor Alter vor Geschlecht.

»Links schützt rechts«

Haben Sie schon davon gehört? Der Mann geht links, seine Frau hakt sich im rechten Arm unter. Das ist für viele mittlerweile selbstverständlich geworden, und zwar so sehr, dass kaum noch beachtet wird, dass es sich dabei um eine der grundsätzlichen Etikette-Regeln handelt.

Der Ritter und sein Burgfräulein

Stellen Sie sich bitte folgende Situation vor: Mittelalter. Die zwei Protagonisten, ein Ritter in Rüstung und mit Bewaffnung führt die Dame seines Herzens zu einem romantischen Spaziergang durch den nahe gelegenen Burgwald. An der linken Hand trägt er – die Zeiten sind unsicher – seinen Schild. Das Burgfräulein lehnt sich an seinem rechten Arme an.

Plötzlich taucht wie aus dem Nichts ein Wegelagerer aus dem Unterholz auf und dringt auf das Liebespaar ein. Der Ritter – schnell an Geistesgegenwart – hebt mit der Linken den Schild zur Abwehr des ersten Streichs, schiebt mit der Rechten die Dame seines Herzens leicht nach hinten und zieht dann sein Schwert. So gerüstet fällt es ihm leicht, den Angreifer in die Flucht zu schlagen. Seine Angebetete ist ihm nun noch mehr ergeben als zuvor.

Der martialische Zusammenstoß bei »Der Ritter und sein Burgfräulein« hatte ein glückliches Ende. Warum? Die Antwort ist einfach: »Links schützt rechts«! Und anders wäre es in diesem Fall auch gar nicht gegangen. Stellen Sie sich nur vor, das Burgfräulein hätte links gestanden! Beim Ziehen des Schwertes hätte es ein Unglück geben können.

Ob es nun wirklich der Ritter mit seinem Burgfräulein war oder doch der galante Musketier einige Jahrhunderte später, werden wir wohl nicht mehr überprüfen können. Die Tatsache bleibt: Die höfliche Regel hat einen pragmatischen, historischen Ursprung.

In der heutigen Zeit können Sie diese Verhaltensweise sehr explizit in diesen Situationen beobachten:

✔ Der Bräutigam führt die Braut aus der Kirche.

✔ Zum Tanz führt der Herr die Dame auf das Parkett.

✔ Der Tischherr sitzt zur Linken seiner Tischdame im Restaurant.

Spannend für Sie ist aber nun der berufliche Kontext der Regel. Hierauf werde ich in späteren Kapiteln explizit zurückkommen. Für jetzt schon einmal zwei Tipps.

 Es gilt nicht grundsätzlich, dass der Mann die Frau zu beschützen hat. Die Regel ist mittlerweile moderner auszulegen. Überlegen Sie sich in jeder Situation, wer die schützenswerte Person ist und wer den Schutz zu gewährleisten hat. Zu beschützen ist beispielsweise der Gast oder der Kunde. Dabei ist das Geschlecht egal!

So kann es also sein, dass die Bankangestellte in den Mittvierzigern ihren jugendlichen, kaum zwanzig Jahren alten Kunden männlichen Geschlechts zu »beschützen« hat.

 Und halten Sie sich bitte nicht sklavisch an links und rechts. Modern und pragmatisch ist die Überlegung, von welcher Seite »Gefahr« droht, zum Beispiel vom Straßenverkehr. Dort ist die Position des Beschützers oder der Beschützerin.

Auch das werden Sie anhand von Beispielen des beruflichen Alltags noch genauer durchschauen. Ich mache Sie neugierig: Wer geht die Treppe zuerst hinauf? Die junge Mandantin oder der erfahrene Steuerberater?

»Rang vor Alter vor Geschlecht«

Liebe Leserin, ich bitte vielmals um Verzeihung. Aber ich kann und will nicht anders: »Ladies first« gehört – im Beruf – in die Mottenkiste! Herzlich willkommen im Zeitalter der Emanzipation.

Im Job gilt die Regel: »Rang vor Alter vor Geschlecht«. So sollten Sie zum Beispiel zunächst den Ranghöheren begrüßen, wenn Sie auf mehrere Personen gleichzeitig treffen.

Auch entscheidet der Ranghöhere, ob er einen Handschlag mit Ihnen haben möchte oder nicht. Seien Sie nicht beleidigt, wenn er von diesem Recht auch tatsächlich Gebrauch macht.

Sollten Sie sich in einem solchen Fall sehr forsch verhalten und mit ausgestreckter Hand auf den Bereichsvorstand zugehen, so können Sie – bitte nicht ausnutzen! – testen, ob dieser sich etikettekonform verhalten kann. Denn es gilt: Eine ausgestreckte Hand weist man unter keinen Umständen zurück. Schließlich soll der andere ja nicht aufgrund seines Fehlverhaltens öffentlich brüskiert werden. Sie erinnern sich an den Freiherrn Knigge: Wertschätzung!

»*Über den Umgang mit Menschen*«

Adolph Freiherr Knigge befasste sich mit dem wertschätzenden Umgang zwischen Menschen. Hier nun ein Überblick über sein wohl bekanntestes Werk.

Knigge unterteilte sein bekanntestes Stück in drei Teile mit diversen Kapiteln:

Der erste Teil beschäftigt sich in drei Kapiteln mit allgemeinen Überlegungen über den Umgang mit Menschen. Dabei ist sowohl vom Umgang mit sich selbst als auch vom Umgang mit verschiedenen Gesinnungen die Rede.

Im zweiten Teil wird es konkreter und Knigge setzt sich mit den verschiedenen Beziehungsgeflechten auseinander. Er diskutiert Familien, verschiedene Altersgruppen, aber auch Mann und Frau sowie das Verhältnis von Lehrern zu Schülern und umgekehrt. Schmunzeln erregt bei Ihnen vielleicht sogar die Überschrift des achten Kapitels:

Betragen gegen Haustiere, Nachbarn und solche, die mit uns in demselben Hause wohnen

Teil 3 befasst sich schließlich mit dem Umgang mit Menschen verschiedener Stände oder gesellschaftlicher Klassen. Aber auch hier kommen die Tiere wieder zu Wort.

Insgesamt liegt den Ausführungen der humanistische Gedanke zugrunde, dass sich Menschen verschiedenen Standes, unterschiedlichen Alters und über Geschlechtergrenzen hinweg miteinander in wertschätzendem Umgang üben sollten. Das passt auch zu Ihrem Berufsalltag.

Die Frage des Ranges ist innerhalb eines Konzerns entlang der hierarchischen Linie schnell beantwortet. Schwieriger wird es für Sie bei gemischteren Konstellationen. Merken Sie sich dafür Folgendes:

Kunden und Gäste gelten immer als ranghöher als Kollegen oder Führungskräfte aus dem eigenen Haus!

Scheidet der Rang als Unterscheidungsmerkmal aus, orientieren Sie sich am (Dienst-)Alter. Hier ist Vorsicht geboten: Nicht jeder ist so alt, wie er in Ihren Augen erscheinen mag!

Ist auch dieses Kriterium nicht anwendbar, greifen Sie doch noch zu »Ladies First«.

»Rang vor Alter vor Geschlecht« wird Sie noch häufiger in diesem Buch begleiten. Deshalb ende ich an dieser Stelle und vorläufig mit den Ausführungen. Nicht jedoch, ohne Ihnen eine letzte Vorsichtsmaßregel mit auf den Weg zu geben:

 Gerade ältere und demnach konservativ erzogene Menschen lehnen noch relativ häufig diese moderne Regel ab und verharren in der altbewährten Bevorzugung der Damen. Beharren Sie in solchen Situationen nicht auf Ihrem korrekten Verhalten, sondern passen sich richtigerweise an.

Konkrete Situationen im Alltag

Nach den »Goldenen Regeln« werfe ich nun mit Ihnen einen Blick auf Situationen, denen Sie in Ihrem Alltag begegnen können und werden, wahrscheinlich auch bereits begegnet sind.

Dabei gehe ich nicht immer ins Detail, denn Sie werden in den nachfolgenden Kapiteln einiges wiederfinden. Dort erhalten Sie dann auch ausführlichere Informationen.

Kundenorientierung à la Knigge

Wenn Sie in irgendeiner Form im Dienstleistungssektor tätig sind, werden Sie einen guten Umgang mit Kunden pflegen müssen. Schließlich wollen Sie ja nicht als Synonym für die viel zitierte Servicewüste gelten.

Anders ausgedrückt: Begegnen Sie Ihren Kunden mit Wertschätzung! Doch wie soll das konkret aussehen? In Kapitel 3 werden Sie in aller Ausführlichkeit vom

»Umgang mit König Kunde« lesen. Die nächsten Seiten sollen Ihnen schon einmal die Grundthemen nahebringen.

Kunden empfangen

Wenn Sie einen Kunden zum Termin erwarten, sollten Sie vorbereitet sein. Das gilt selbstverständlich inhaltlich, doch das ist hier nicht die Fragestellung, wenngleich auch das viel mit Wertschätzung zu tun hat.

Vielmehr geht es darum, bei dem Kunden oder der Kundin schnell einen guten Eindruck zu hinterlassen. Dafür sollten Sie sich selbst zur vereinbarten Zeit bereithalten. Beenden Sie rechtzeitig Ihre anderen Arbeiten, räumen Sie Ihren Schreibtisch auf oder werfen Sie einen Blick in das Besprechungszimmer. Getränke bereitzustellen, ist ebenfalls eine gute Idee.

Merken Sie sich das Lieblingsgetränk Ihrer Kunden. Und überraschen Sie sie mit dieser Kenntnis beim nächsten Termin!

Und dann empfangen Sie bitte Ihre Kundschaft möglichst im Empfangsbereich des Gebäudes, in dem Sie arbeiten.

Je weiter Sie einem Kunden oder auch einem Gast zur Begrüßung entgegengehen, umso höher ist die beim Gegenüber empfundene Wertschätzung!

Auf dem Weg zum Ort des Gesprächs orientieren Sie sich an dem Grundsatz »Links schützt rechts«.

Kunden begrüßen

Dass Sie Ihren Kunden mit dem Namen anreden, versteht sich von selbst. Dabei sollten Sie auf eventuell vorhandene Adelstitel oder auch akademische Titel achten.

Hat ein Kunde mehrere akademische Titel, ist immer der höchste anredefähig. Frau Prof. Dr. Dr. Heike Hastig wird demzufolge mit »Frau Professor Hastig« angesprochen.

Doch zur Begrüßung gehört auch der Handschlag. Prinzipiell geht diese Art der Begrüßung immer vom Hochrangigen aus, in dem Fall also vom Kunden. Als Gastgeber Ihres Kunden haben Sie aber durchaus das Recht, von sich aus die Hand zu reichen.

Im Kundengespräch

Geben Sie dem Kunden Sicherheit und Orientierung. Das können Sie zum Beispiel durch eine klare Agenda tun: Ein roter Faden leitet nicht nur Sie, sondern auch Ihren Kunden durch den Termin.

 Sicherheit ist ein Grundbedürfnis des Menschen. Weitere Bedürfnisse in Form einer Bedürfnishierarchie hat der amerikanische Psychologe Abraham Maslow untersucht. Lesen Sie hierzu mehr in Kapitel 3!

Wertschätzend sind Sie auch, wenn Sie Ihren Kunden einen erheblichen Gesprächsanteil zugestehen. Lassen Sie ihn sich selbst verwirklichen!

 Lassen Sie Ihrem Kunden gerne das letzte Wort, zum Beispiel indem Sie ihn zum Ende hin fragen, wie er das Gespräch empfunden hat. Am Telefon sollten Sie sogar noch weitergehen: Nach der Verabschiedung sollte der Kunde unbedingt vor Ihnen auflegen!

Den Kunden verabschieden

Nach erfolgtem Gespräch verabschieden Sie sich in aller Form von Ihrem Kunden. Dazu gehört sicherlich der Handschlag. Aber nicht nur das.

Wie beim Empfang sollten Sie Ihren Gast so weit wie möglich hinausbegleiten. Das tun Sie nicht, um sicherzugehen, dass er auch wirklich das Haus verlässt. Vielmehr zeigen Sie wiederum Ihre Wertschätzung, deren Höhe direkt proportional zum zurückgelegten Weg ist.

Dress for Success

Ein immer wieder gern und viel diskutiertes Thema: Welche Kleidung ist die richtige?

Diese Frage ist leicht zu beantworten und gleichzeitig liegt die Herausforderung im Detail.

Die einfache Antwort lautet: Kleiden Sie sich dem Anlass und dem Umfeld entsprechend! Richtschnur kann ein vorgegebener Dresscode sein.

Und genau da wird es wieder schwierig. Es existiert eine Vielzahl an vermeintlichen Dresscodes. In Kapitel 4 werde ich Sie intensiver mit dem Thema »Kleidung« vertraut machen. An dieser Stelle aber schon der Hinweis, dass Sie für den Beruf nur drei Kleiderordnungen kennen müssen:

1. Business

2. Business Casual

3. Casual

»Business« finden Sie typischerweise bei Banken, Unternehmensberatungen oder ähnlichen Dienstleistungsberufen. Auch in vielen Unternehmenszentralen sehen Sie häufig Anzugträger beziehungsweise Kostümträgerinnen.

»Business Casual« werden Sie nach dem Verlassen des Büros auf dem Weg zu einem gemeinsamen Absacker mit Kollegen sehen. Die Krawatte fällt, manchmal auch das Jackett.

»Casual« können Sie vorsichtig mit »gepflegter Freizeitkleidung« übersetzen. Bleiben Sie aber geschmackvoll, schließlich geht es ja immer noch um einen beruflichen Kontext.

 Lesen Sie in einer Einladung »Smart Casual«, können Sie prinzipiell vom Dresscode »Casual« in seiner eher konservativen Auslegung ausgehen. Dazu – wie erwähnt – mehr in Kapitel 4!

Noch einmal zurück zum Kontakt mit Kunden: Immer, wenn Sie im Namen Ihres Unternehmens unterwegs sind und dabei auf Kunden treffen (können), sind Sie mit einem dunklen Business-Anzug oder einem dunklen Business-Kostüm perfekt gekleidet.

 Unabhängig von der aktuellen Mode tragen Frau und Mann im Business die Farben Blau oder Anthrazit. Dazu gehören schwarze Schuhe oder Pumps. Schwarze Kleidung ist ein absolutes »No Go«, braun wird oftmals akzeptiert, ist aber keine klassische Business-Farbe.

 Im Zweifel bleiben Sie immer eine Spur konservativer, als Sie ursprünglich geplant hatten. Von der Warte aus können Sie immer noch »lockerer« werden. Der umgekehrte Weg ist ungleich schwieriger!

Humankapital

Kennen Sie diesen Begriff? Er ist vom Grundsatz her nicht mehr als eine andere Bezeichnung für die Belegschaft eines Unternehmens. Und doch können Sie diesem Wort aus der Perspektive der Etikette deutlich mehr abgewinnen.

Kapital, sinnvoll angelegt, wird Zinsen und/oder Wertsteigerungen für den Besitzer erwirtschaften. Beim Humankapital ist das nicht anders. Richtig eingesetzt und vor allem wertschätzend behandelt, können Menschen ihre Leistung im Sinne des Unternehmens deutlich steigern und damit Mehrwert schaffen.

Was bedeutet das nun konkret? Ich versetze Sie in die Situation, dass Sie Führungskraft sind und damit einige Mitarbeiterinnen und Mitarbeiter verantwortlich.

Dann gehen Sie mit der entsprechenden Wertschätzung an Ihre Führungsaufgabe heran. Dazu gehört unter anderem auch, dass Sie sich der zwischenmenschlichen Kommunikation bewusst sind. In Kapitel 3 werde ich darauf noch ausführlicher zurückkommen.

Kommunikation sollte klar und deutlich sein. Das klingt einfach, ist es aber nicht, wenn Sie bedenken, dass hier mindestens zwei Menschen interagieren. Der eine spricht, der andere hört. Und hier kommt es schon häufig genug zu Missverständnissen.

Denn was der Sprechende wirklich meint, kann vom artikulierten Wort ebenso abweichen wie das, was der Hörende aufnimmt. Anders ausgedrückt verstecken sich in einer Nachricht vier Botschaften:

1. Diesen Sachverhalt schildere ich.

2. Das möchte ich, dass Sie jetzt tun.

3. Unsere Beziehung zueinander erlaubt diese Art des Redens.

4. Das verrate ich Ihnen hiermit über mich.

 Grundlage für diese Unterteilung ist die Theorie von Friedemann Schulz von Thun, der über die »Vier Seiten einer Nachricht« sehr viel geredet und auch geschrieben hat. Lesen Sie die Hintergründe in Kapitel 3!

Sehr plastisch ausgedrückt treffen vier »Münder« auf vier »Ohren«(-paare). Wenn Sie sich dessen schon bewusst sind, können Sie viel aufmerksamer und damit sowohl sorgsamer als auch wertschätzender kommunizieren.

 Sind Sie Führungskraft? Dann sollten Sie mit Ihren Mitarbeitern durchaus die Theorie von Schulz von Thun in einer Mitarbeiterrunde diskutieren. Es hilft beim gegenseitigen Verständnis!

»When in Rome ...«

»... do as the Romans do!« Das ist ein viel benutzter Hinweis, wenn Menschen auf Reisen in fremden Ländern sind. Das heißt nichts anderes, als dass Sie sich als Gast in einem anderen Kulturkreis diesem angleichen sollten.

Was können Sie daraus in Ihren beruflichen Alltag übernehmen? Sind Sie aufgrund Ihres Jobs häufig im Ausland unterwegs, dann können Sie den Hinweis eins zu eins für sich übernehmen.

 Sind Sie häufiger oder für längere Zeit in einem bestimmten Land unterwegs, dann bietet es sich an, bei einem »Inländer« die entsprechenden gesellschaftlichen Regeln und Normen aus erster Hand zu erlernen.

Doch was können Sie für sich mitnehmen, wenn Sie im Inland auf zum Beispiel Kunden aus dem Ausland treffen? Eins bitte nicht: Erwarten Sie nicht, dass Ihre Gäste – das ist wohl die treffendste Bezeichnung – sich komplett den deutschen Gepflogenheiten anpassen.

 Eine vollständige Angleichung sogar zu fordern, entspricht weder dem Ansinnen der höflichen Wertschätzung noch wird das dem weiteren Gang der Gespräche förderlich sein!

Vielmehr sollten Sie Toleranz mitbringen und vielleicht sogar neugierig auf die für Sie ungewohnten Verhaltensweisen sein. Bedenken Sie dabei, dass die Ihnen geläufigen Regeln der Etikette sich in erster Linie auf das deutsche Verständnis von Benimm beziehen. Und das unterscheidet sich doch ganz wesentlich von dem Verständnis zum Beispiel in den USA.

Machen Sie sich deshalb vor einem Treffen mit fremden Nationen kundig, was dort üblich ist, wo aber auch ein Fauxpas lauern könnte, den Sie besser umgehen.

Einer Muslima werden Sie sicherlich kein Schweinefleisch beim Business Dinner anbieten, einen chinesischen Geschäftsfreund nicht nach dem für unser Verhältnis eher wenig ausgeprägten Demokratieverständnis der Pekinger Regierung fragen.

 Überraschen Sie Ihren Gast! Machen Sie sich zum Beispiel kundig, welches Begrüßungsritual bei ihm zu Hause üblich ist. Wenn Sie Ihrem indischen Kollegen mit einem vollendeten Namasté begegnen, können Sie das vielleicht vorhandene Eis zum Schmelzen bringen.

In Kapitel 8 widme ich mich der Business-Etikette jenseits unserer Grenzen. Die dort vermittelten Inhalte können Sie sowohl im Ausland als Gast als auch im Inland als Gastgeber anwenden.

Spezielle Themen der Alltagsetikette

Nun möchte ich Sie mit sehr alltäglichen Situationen bekannt machen, die ich im weiteren Verlauf des Buches nicht noch einmal explizit aufnehmen werde. Da ich hier durchaus in die Tiefe gehe, ist das Wort »speziell« in der Überschrift dieses Abschnittes gut platziert.

Die korrekte Begrüßung

Es existieren schier unendlich viele Möglichkeiten, sich untereinander zu begrüßen:

✔ »Guten Tag!« und seine Abwandlungen im Hochdeutschen

✔ »Hallo!« und »Hi!« im wenig förmlichen Umfeld

✔ »Moin!« oder auch »Moin, Moin!« in Hamburg und Norddeutschland

✔ »Grüß Gott!« in Süddeutschland und Teilen Österreichs

✔ »Mahlzeit!« häufig zur Mittagszeit in Kantinen

 »Moin« ist im Übrigen nicht die Kurzform von »Guten Morgen«. Dieser Gruß wird unabhängig von der Tageszeit benutzt und bedeutet im Niederdeutschen so viel wie »einen guten«.

Was sollten Sie nun im Job benutzen? Bestenfalls bedienen Sie sich immer und ausschließlich des Hochdeutschen. Und das bitte unabhängig von Ihren regionalen Wurzeln und unabhängig von dem Ort, an dem Sie sich befinden. Sagen Sie also:

✔ »Guten Morgen!« bis um 12:00 Uhr

✔ »Guten Tag!« danach bis 18:00 Uhr

✔ »Guten Abend!« ab 18:00 Uhr

✔ »Gute Nacht!«, wenn Sie sich zur Nachtruhe verabschieden

 Gerade der Versuch, regionale Begrüßungen nachzuahmen, kann Amüsement oder gar Missfallen auslösen. Stellen Sie sich zum Beispiel ein »Moin zusammen!« mit bayrischem Dialekt vor. Das ist sicher nett und aufrichtig gemeint, klingt aber nicht professionell. Belassen Sie es beim Hochdeutschen. Ausnahme: Sie treffen auf Menschen aus Ihrer Heimatregion. Dann ist Lokalkolorit erwünscht.

Richtig professionell und gut verwenden Sie die Begrüßungsformeln, indem Sie sie mit dem Namen des oder der Angesprochenen verknüpfen, also zum Beispiel:

»Guten Morgen, Herr Dr. Tunichtgut!«

»Guten Tag, Helmut!«

»Guten Abend, Frau von Wels!«

 Nutzen Sie bitte niemals die Floskel »Mahlzeit«, es sei denn, Sie wollen einen durchschaubaren Scherz machen. Dieser Möchtegern-Gruß zeugt von wenig Eloquenz und Sinn für gutes Benehmen.

Es bleibt nur noch zu klären, wer zuerst das Wort ergreift. Hier gilt: Wer zuerst sieht, grüßt zuerst. Und das unabhängig von Rang, Alter oder Geschlecht. Das ist zumindest die korrekte Version.

Dennoch wird es Ihnen unterkommen, dass zum Beispiel der Vorstand von Ihnen erwartet, dass Sie ihn auf dem Gang als Erstes ansprechen. Verhalten Sie sich bitte der Situation entsprechend richtig und tun Sie ihm den Gefallen!

Die korrekte Anrede

Akademische Grade, Titel und sonstige Ehrenbezeichnungen erschweren Ihnen die korrekte und richtige Anrede. Deshalb schon an dieser Stelle einige Erläuterungen, wenngleich ich im Korrespondenzteil hierauf noch einmal zurückkommen werde.

Zunächst gebe ich Ihnen den Hinweis, dass Berufsbezeichnungen grundsätzlich nicht anredefähig sind. »Herr Rechtsanwalt« oder »Frau Ingenieurin« haben keine Verwendung in Deutschland und der Schweiz, dagegen in Österreich sehr wohl.

Besitzt Ihr Gesprächspartner akademische Titel – also Promotion oder Habilitation –, so nutzen Sie bitte den jeweils höchsten bei der Anrede.

Unangenehm kompliziert wird es bei Amts-, Mandats- und sonstigen Würdenträgern. Hier empfiehlt sich ein Blick in das schon erwähnte spätere Kapitel.

 Bemühen Sie das Internet: Unter www.bund.de finden Sie auch den protokollarischen Dienst, der weiterhelfen kann.

Und wenn wir schon dabei sind: Der Adel genießt zwar seit 1919 weder in Deutschland noch in Österreich besondere Privilegien. Benutzen Sie aber bitte die Titel. Da jedes Adelsgeschlecht eine ganz besondere Vorliebe bei der Anrede hat, ist hier eine allgemeingültige Empfehlung nicht zu geben.

Drei Möglichkeiten haben Sie, einen Adelsspross korrekt anzusprechen: Sie nutzen das Genealogische Handbuch des Adels. Sie informieren sich im Internet – zum Beispiel unter `www.adelsdatenbank.de`. Sie fragen schlicht und ergreifend die entsprechende Person, wie sie gerne angeredet werden möchte.

Der Handschlag

Gerade im beruflichen Umfeld ist der Handschlag im Begrüßungszeremoniell unabdingbar. Dabei gilt es für Sie, einige Hinweise zu beachten:

✔ Der Handschlag – immer mit der rechten Hand – dauert ungefähr zwei bis drei Sekunden.

✔ Bewegen Sie bitte die Hand dabei nicht zu stark auf und ab.

✔ Der Druck sollte adäquat sein: nicht zu lasch, aber bitte auch nicht schmerzhaft.

✔ Halten Sie bei der Begrüßung Augenkontakt.

✔ Zusätzliche Berührungen mit der freien Hand sind dem Freizeitbereich vorbehalten.

Beachten Sie bitte, dass es auch eine Regel dafür gibt, wer wem zuerst die Hand reicht. Dazu lesen Sie mehr unter der nächsten Überschrift.

Mit dem Handschlag kommen Sie Ihrem Gegenüber während der Begegnung am nächsten. Sie entern regelrecht seine intime Distanzzone.

Leiden Sie häufig unter einer feuchten Hand? Gerade im beruflichen Umfeld ist das sicherlich unangenehm. Dann haben Sie zwei Möglichkeiten. Die erste ist der Gang in die Apotheke. Dort fragen Sie nach einem Mittel, das der Schweißbildung in der Handfläche entgegenwirkt. Die zweite ist ein Trick: Streichen Sie mit Ihrer Hand wie zufällig an Ihrem Hosenbein entlang. Das kann zumindest eine Kurzfristwirkung erzielen, Sie brauchen ja nur drei Sekunden für den Handschlag. Wiederholen Sie dieses Ritual aber bitte nicht nach der Begrüßung, das könnte auf Ihr Gegenüber äußerst befremdlich wirken.

Noch einmal zur Klarstellung: Ausschließlich der Handschlag ist im beruflichen Kontext erwünscht! Sowohl Handkuss, mehr oder weniger herzliche Umarmungen sowie Wangenküsschen sind dem freizeitlichen oder maximal gesellschaftlichen Umfeld vorbehalten. Das gilt immer, auch wenn Ihnen vielleicht Fernsehbilder von sich herzenden Politikern nicht fremd sein dürften.

Die Distanzzonen

Die »öffentliche Distanz« beträgt ungefähr drei Meter. Mit diesem Abstand haben Sie immer den besten Überblick über die Situation.

Die Kontaktaufnahme innerhalb der »gesellschaftlichen Distanz« gelingt in einem Abstand von ein bis drei Metern.

Starten Sie eine Unterhaltung, verkürzen Sie noch einmal die Distanz auf 50 bis 100 Zentimeter. Sie befinden sich in der »persönlichen Distanz«.

Kommen Sie Ihrem Gegenüber noch näher – wie erwähnt: zum Beispiel beim Handschlag –, dann spricht man allgemein von der »intimen Distanz«.

Wie ein Eindruck entsteht

Lassen Sie uns zum Schluss einen Ausflug in die Welt der Psychologie wagen. Bewusst setze ich das Thema »Eindrucksbildung« noch in das erste Kapitel, bildet es doch die Grundlage für viele weiterführende Überlegungen. Ich lade Sie herzlich ein, sich auf ein wenig Theorie gewürzt mit vielen Verbindungen zur Praxis einzulassen.

Der erste Eindruck zählt

Kennen Sie den Spruch: »Keine zweite Chance für den ersten Eindruck«? Darin steckt ein wahrer Kern. Doch zunächst zu einer (be-)merkenswerten Zahl: 250!

Ergänzen Sie diese Zahl mit der Einheit Millisekunden und Sie haben den Zeitrahmen, in dem Sie und jeder andere Mensch sich einen »allerersten« Eindruck von seinem Gegenüber verschafft.

Der allererste Eindruck

Zu Beginn ein Beispiel, wie es Ihnen jederzeit passieren kann:

Zugegeben, diese Situation ist ein wenig überspitzt dargestellt, aber das unterstreicht das, was Sie über den allerersten Eindruck wissen sollten.

Besuch bei einer Bank

Ihr neuer Bankberater hat Sie heute zu einem Kennenlerngespräch eingeladen. Es ist also Ihr erstes Treffen und Sie sind zwar nicht aufgeregt, jedoch ein wenig neugierig.

Sie betreten die Filiale, orientieren sich kurz und schon stürmt ein junger, freundlich lächelnder Mann mit einer angetrunkenen Cola-Flasche auf Sie zu. Er trägt zwar eine Krawatte, die sollte er aber eher an Altweiber zum Einsatz kommen lassen. Der oberste Hemdknopf ist nicht geschlossen, sein Sakko hat er entweder zu Hause oder über seinem Schreibtischstuhl vergessen.

Noch ehe Sie ein erstes Wort wechseln, beschleicht Sie nur ein Gedanke: »Ich muss weg!!« Was ist passiert?

Innerhalb des Wimpernschlages einer Viertelsekunde machen Sie sich Ihr Bild von Ihrem Gegenüber. Dabei entscheiden Sie über drei Fragen:

1. Ist die andere Person sympathisch?

2. Ist die andere Person authentisch?

3. Ist die andere Person kompetent?

 Eindrucksbildung ist natürlich keine Einbahnstraße! Ihr Gesprächspartner bildet sich natürlich auch einen Eindruck über Sie. Insofern beantwortet er – hoffentlich – die gerade gestellten Fragen über Sie mit einem deutlichen »Ja!«.

Sie werden zugeben, dass die Beantwortung dieser Fragen durchaus Einfluss hat auf den weiteren Fortgang einer Begegnung. Da Sie gerade ein Buch über Business-Etikette in den Händen halten, sollten Sie jetzt aufmerksam geworden sein, dass ohne ein Wort, ohne eine Präsentation, ohne einen Lebenslauf eine Vorentscheidung darüber gefällt wird, ob jemand kompetent ist oder halt nicht.

Sie halten das nicht für fair? Was ist schon fair? An der Tatsache aber ist nichts zu rütteln. Bevor Sie jetzt mit dem Grübeln beginnen, wie Sie es schaffen können, allein durch Ihr Auftreten Kompetenz auszustrahlen, gestatten Sie mir noch einige weitere Ausführungen.

Der Primacy-Effekt

Der Mensch ist während einer Begegnung nicht immer gleich aufmerksam. Besonders jedoch im ersten Moment, genauer ausgedrückt: Seine ursprünglichen Sinne und sein Unterbewusstsein nehmen messerscharf wahr. Das ist noch nicht dramatisch.

Diese Aufmerksamkeit wandelt sich in Erinnerungsleistung um. Kurz und knapp: Ihre erste Empfindung bleibt im Gedächtnis. Herzlichen Glückwunsch an den Berater aus obigem Beispiel ...

Diesen Effekt hat die Psychologie eingehender untersucht. Die wissenschaftliche Bezeichnung lautet *Primacy-Effekt*.

 Versuchen Sie einmal, die Namen auf einer Seite des örtlichen Telefonbuchs nach einmaligem Durchlesen wiederzugeben. In den meisten Fällen werden Sie feststellen, dass Sie sich sehr gut an die ersten Namen – und an die letzten Namen; dazu später mehr – erinnern werden: der Primacy-Effekt in der praktischen Überprüfung.

Die zweite Chance für den ersten Eindruck

Das wird jetzt viele beruhigen. Nach der nun zur Genüge beachteten ersten Viertelsekunde haben Sie weitere neunzig Sekunden Zeit, das perfekte Bild, das Sie abgegeben haben, zu vervollkommnen. War der erste Aufschlag nicht rekordverdächtig, dann schaffen Sie es vielleicht mit dem »second service«.

Und nun kann ich schon die Stimmen hören, die sagen:»Wunderbar! In eineinhalb Minuten kann ich doch so viel fachliches Know-how rüberbringen, dass ich mir keine Gedanken mehr über den allerersten Eindruck machen muss!«

Das ist schön gesprungen, doch leider viel zu kurz. Denn der Mensch ist nicht so einfach strukturiert, dass er sich und seine intuitiven Empfindungen so leicht hinters Licht führen ließe.

Frage: Haben Sie gerne unrecht? Wahrscheinlich nicht! Und so geht es auch Ihrem Unterbewusstsein. Es bevorzugt Informationen, die den Eindruck der ersten 250 Millisekunden bestätigen. Das kann positiv, aber natürlich auch negativ sein. Insofern ist diese zweite Chance mit einem hohen Maß an Vorsicht zu sehen.

Dann ist es erst einmal vorbei, zumindest mit der Eindrucksbildung und dem höchsten Maß an Aufmerksamkeit. Die Informationssuche wird eingestellt und sowohl Sie als auch Ihr Gegenüber haben sich wechselseitig einen Überblick über den jeweils anderen verschafft.

Wie Sie den ersten Eindruck beeinflussen können

Das war die Theorie. Doch was heißt das jetzt für Ihre – berufliche, aber auch private – Praxis? Sie wollen natürlich immer ein optimales Bild abliefern und darauf können Sie Einfluss nehmen.

Es kommt auf das Gesamtpaket Ihrer Erscheinung an. Dazu gehören:

✔ Ihre Kleidung, inklusive Accessoires und Make-up

✔ Ihre Körpersprache, also Gestik und Mimik

✔ der Klang Ihrer Stimme

✔ die Beschaffenheit Ihrer Haut

✔ Ihr individueller Duft

Und dieses Paket sollte nicht immer gleich sein. Denn was heute in diesem Umfeld und bei diesen Menschen eher schlecht ankommt, kann morgen in einem anderen Rahmen und gegenüber anderen Personen nah am Optimum sein.

Die Einladung eines Klienten

Sie sind junger Unternehmensberater und haben es schon geschafft, eine gute Beziehung zu Ihrem Hauptansprechpartner beim Klienten aufzubauen. Nun erhalten Sie von ihm eine Einladung zum Dienstjubiläum in ein angesehenes Restaurant.

Das sind die Informationen, die Sie benötigen: Als Kleidung kommt nur der dunkle Business-Anzug in Frage. Ihre Rolle ist an diesem Abend die des Gastes, nicht die des Beraters. Also verhalten Sie sich dezent, höflich und eher zurückhaltend. Insbesondere sollten Sie von sich aus nicht auf geschäftliche Themen zu sprechen kommen. Dass Sie ein kleines, aber individuelles Geschenk mitbringen, versteht sich von selbst.

Deshalb sollten Sie sich die folgenden Fragen vor einer Begegnung mit noch fremden Menschen stellen, insbesondere wenn Sie sich im beruflichen Umfeld aufhalten:

✔ In welcher Umgebung werden Sie sich befinden?

✔ Zu welchem Anlass sind Sie unterwegs?

✔ In welcher Rolle oder auch welchen Rollen tauchen Sie auf?

✔ Welche Erwartungen haben die Personen, denen Sie begegnen werden?

Haben Sie die Antworten auf diese Fragen gefunden, so sind Sie gut präpariert. Denn Sie haben nun die Möglichkeit, Ihre Kleidung entsprechend zu wählen, Ihre ersten Worte zurechtzulegen und auch ein kurzes Augenmerk auf Ihre Mimik und Gestik zu setzen.

Der Schein trügt, oder nicht?

Sie haben einen guten ersten Eindruck hinterlassen. Jetzt kann Ihnen erst einmal nichts geschehen. Schuld daran ist der so genannte *Halo-Effekt*.

Ein Bewerbungsgespräch

Stellen Sie sich bitte die Situation eines Bewerbungsgesprächs vor. Sie sind die Führungskraft, die darüber entscheiden wird, ob der Bewerber einen Vertrag bei Ihnen erhält oder nicht. Sein Lebenslauf und seine Zeugnisse passen perfekt zu Ihrer Ausschreibung. Sie suchen einen zuverlässigen Bankrevisionisten, der auch in der Lage ist, einem Beratungsgespräch in einer Filiale beizuwohnen. Der Kandidat betritt – natürlich pünktlich – den Raum, trägt perfekte Business-Kleidung und weiß auch den Small Talk mit Ihnen zu führen. Lebenslauf und Zeugnisse passen perfekt zur Ausschreibung. Nun prüfen Sie ihn fachlich auf Herz und Nieren. Ihrem Gegenüber unterläuft ein kleiner Fehler. Ihr Gedanke: »Kann ja mal passieren ...« Liebend gerne würden Sie am Schluss des Gesprächs eine Zusage geben, jedoch erwarten Sie noch einen zweiten Bewerber und wollen auch diesem eine faire Chance geben.

Was ist passiert? Der Bewerber hat Ihren Erwartungen voll und ganz entsprochen. Ja, er ist sympathisch. Ja, er ist authentisch. Ja, er ist kompetent. Den Fehler nehmen Sie gar nicht wirklich wahr, denn der positive Eindruck überstrahlt alles andere. Das ist er, der Halo-Effekt.

Theoretisch handelt es sich dabei um einen so genannten »Wahrnehmungsfehler«. Vielleicht gefallen Ihnen aber zwei andere Bezeichnungen wesentlich besser: »Vorurteil« oder »Schubladendenken«.

Wenn Sie viel Wert auf Objektivität legen, dann sollten Sie sich diesen Effekt etwas genauer ansehen und vor allem darauf achten, dass Sie ihm nicht erliegen. Denn andernfalls werden Sie vielleicht unfair.

Und noch ein Bewerbungsgespräch

Der zweite Kandidat betritt den Raum. Leider leicht verspätet – er hatte sich aber dafür entschuldigt – und in einem Outfit, das er besser im überfüllten Hörsaal an der Universität getragen hätte. Sie werfen einen Blick in die Unterlagen und stellen fest, dass er den Anforderungen prinzipiell noch besser entspricht als der erste Bewerber. Nun folgt die fachliche Fragestunde. Erstaunlicherweise unterläuft Ihrem Gesprächspartner nun an der gleichen Stelle der exakt gleiche Fehler wie zuvor dem anderen. Ihr Gedanke: »Das war ja klar, dass da mit den Zeugnissen etwas nicht stimmen konnte ...« Sie sagen der Nummer 2 direkt im Anschluss an das Gespräch ab.

Es dürfte klar sein, was hier vorgefallen ist: Der Kandidat hat Ihren Erwartungen nicht entsprochen und damit schon in den ersten Augenblicken seine Chancen verspielt. Fast egal, was er jetzt unternommen hätte: Es wäre ihm schwerlich gelungen, Sie zu überzeugen.

Ob es sich um ein Bewerbungsgespräch handelt, um die Beratung eines Kunden, eine Präsentation in einem Meeting, die Verhandlung vor Gericht: Sorgen Sie für einen positiven ersten Eindruck und Sie haben die Chance, dass man sich Ihnen gegenüber deutlich (fehler-) toleranter verhält als im Fall eines schlechten ersten Eindrucks.

Der letzte Eindruck bleibt

Zu Beginn einer Begegnung ist die Aufmerksamkeit geschärft (Primacy-Effekt). Danach nimmt sie eher ab und wird abgelöst von dem Bestreben, das Weltbild nicht zu verrücken (Halo-Effekt).

Zum Ende eines Treffens werden Sie wieder hellhöriger und achten mehr auf Ihr Gegenüber. Das Entscheidende: Zuletzt aufgenommene Informationen bleiben ebenfalls bestens in Erinnerung. Das wird in der Psychologie als *Recency-Effekt* bezeichnet.

 Nehmen Sie noch einmal das Telefonbuch zur Hand. Die letzten Namen werden Sie definitiv wiederholen können. So wie auch den letzten Satz in einem Gespräch!

Was bedeutet das jetzt für Sie? Bleiben Sie konsistent in Ihrem Auftreten! Sie haben sich auf den ersten Eindruck vorbereitet und einen sehr guten hinterlassen. Das Gespräch verlief ohne Probleme. Jetzt benötigen Sie nur noch einen perfekten Abgang.

Denn der letzte Eindruck wird mit dem ersten Eindruck abgeglichen. Stimmen beide überein, so haben Sie ein im wahrsten Sinne des Wortes »stimmiges« Bild hinterlassen. Passen erster und letzter Auftritt nicht zusammen, wirken Sie auf Ihr Gegenüber suspekt. Zumindest stellt sich die Frage, was nun Ihr wahres »Ich« ist.

Also: Überzeugen Sie im letzten Eindruck! Bestätigen Sie damit den ersten: Herzlichen Glückwunsch! Können Sie einen schlechten ersten Eindruck ein wenig zurechtrücken: auch nicht schlecht!

 Der erste Eindruck war nichts, aber zum Ende hin konnten Sie punkten? Lassen Sie Ihrem Gesprächspartner bis zur nächsten Begegnung ein wenig Zeit zur Verarbeitung des Erlebten. Je mehr Zeit bis zum nächsten Treffen vergeht, umso höher ist die Chance, dass er sich nur noch an den positiven Schluss erinnert. War es genau umgekehrt, dann suchen Sie die nächstmögliche Gelegenheit zu einem erneuten Gespräch!

Und damit endet auch das erste Kapitel dieses Buches. Sie haben erfahren, wer der Freiherr von Knigge wirklich war. Sie haben mir den Ausflug in die Psychologie beim Thema »Eindrucksbildung« erlaubt. Und schließlich kennen Sie bereits einige grundlegende Regeln. Es ist nun an der Zeit, in weitere Details einzusteigen und die eine oder andere Erkenntnis zu festigen und auszubauen.

Knigge jeden Tag

2

In diesem Kapitel

▶ Wie Sie mit Ihren Kollegen, Mitarbeitern und Führungskräften umgehen sollten

▶ Was professionelle Kommunikation heißt

▶ Was Sie im Alltag beachten sollten

▶ Wie Sie sich im Konfliktfall verhalten können

---

*H*erzlich willkommen im Alltag! Sind Sie sich eigentlich wirklich bewusst, dass Sie die längste Zeit, die Sie in der Woche im wachen Zustand verbringen, im beruflichen Umfeld unterwegs sind? Zählen Sie gerne mal die Stunden nach und Sie werden überrascht sein.

Das ist einer der Gründe, weshalb Sie sich mit den guten Umgangsformen gerade am Arbeitsplatz befassen sollten. Und das werden wir in diesem Kapitel tun. Ich gehe davon aus, dass Sie wie die meisten Leser dieses Buches in einem Unternehmen arbeiten. Dort bekommen Sie es mit Kollegen, Mitarbeitern – wenn Sie Führungskraft sind – und eben jenen Chefs zu tun. Über das korrekte, richtige und damit sichere Verhalten diesen Personen gegenüber werden Sie etwas erfahren.

Doch auch wenn Sie als selbstständiger Einzelkämpfer unterwegs sind, werden Sie nützliche Hinweise bekommen. Schauen Sie sich die praktischen Tipps an, die Aufarbeitung der Kommunikationsregeln und auch die Möglichkeiten zur Konfliktbewältigung.

Vom Umgang mit Kollegen, Chefs und Mitarbeitern

Sie haben beim Freiherrn von Knigge erfahren, dass es bei den guten Umgangsformen in erster Linie darauf ankommt, einen wertschätzenden Umgang mit seinen Mitmenschen zu pflegen. Der Mensch hat hier gegenüber allen anderen (Säuge-)Tieren einen entscheidenden Vorteil: Er kann sprechen!

Zu Recht werden Sie nun vielleicht anmerken, dass die Sprache auch ein Nachteil sein kann, insbesondere dann, wenn es zu Missverständnissen kommen kann. Dennoch liegt in einer wertschätzenden Kommunikation Ihr entscheidender Hebel für gute Umgangsformen im Beruf. Aus diesem Grund folgt nun ein kurzer Ausflug in die Theorie der Kommunikation.

Danach wenden wir einige Grundregeln des korrekten Umgangs auf spezifische Situationen an. Und Sie werden erkennen: Etikette ist nicht dogmatisch und altbacken, sondern vielmehr pragmatisch und modern.

»Was reden Sie da?« – vier Seiten einer Nachricht

Oder: »Was meint der andere?« Eine durchaus ernst zu nehmende Frage. Lassen Sie uns einer Theorie nachgehen, die aus meiner Sicht diese Frage aufnimmt und darüber hinaus auch eingängig ist.

»Miteinander reden«, so heißt eine Buchreihe des Kommunikationswissenschaftlers Friedemann Schulz von Thun. Haben Sie nach der Lektüre dieses Kapitels Lust auf mehr bekommen, dann empfehle ich Ihnen das weitere Studium dieser Bücher!

Friedemann Schulz von Thun entwickelte ein Modell, in dem er jede Äußerung aus vier unterschiedlichen Perspektiven beleuchtet. Dabei geht er von der Annahme aus, dass eine Aussage eben vier Botschaften enthält und auf vier verschiedene Arten empfangen werden kann:

1. Sachinhalt – Worüber informiert der Sprecher?

2. Selbstoffenbarung – Was gibt der Sprecher von sich preis?

3. Beziehung – In welcher Beziehung stehen Sprecher und Hörer zueinander?

4. Appell – Was möchte der Sprecher, das der Hörer tut?

Diese vier Ebenen kommen niemals isoliert vor! In jeder Nachricht sind alle Botschaften – mehr oder minder ausgeprägt – vorhanden!

Sie wollen mehr von Friedemann Schulz von Thun wissen? Dann besuchen Sie seine Website: www.schulz-von-thun.de. Dort werden Sie einen weiteren Einblick in seine Arbeiten gewinnen.

Bevor wir uns den einzelnen Ebenen (man nennt sie auch »Münder« oder »Ohren«) genauer anhand eines Beispiels nähern, gestatten Sie mir noch einige Worte zu den Ursprüngen der Schulz von Thun'schen Überlegungen. Die Theo-

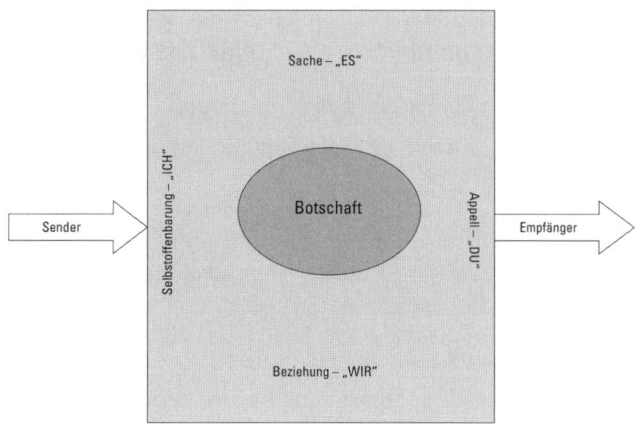

Abbildung 2.1: Vier Seiten einer Nachricht (nach Schulz von Thun)

rie von den vier Seiten einer Nachricht – Ihnen vielleicht auch bekannt unter »Sender-Empfänger-Modell« – basiert auf den Forschungen von Paul Watzlawick.

Der österreichische Kommunikationstheoretiker Watzlawick (1921–2007) hat versucht, die Kommunikation anhand von fünf Axiomen zu beschreiben.

✔ Man kann nicht nicht kommunizieren.

✔ Die Beziehung bestimmt den Inhalt.

✔ Kommunikation hat keinen Anfang und kein Ende.

✔ Es existiert digitale und analoge Kommunikation.

✔ Man spricht von symmetrischer und komplementärer Kommunikation.

 Die Basis eines »Axioms« ist das zugrunde liegende einleuchtende Prinzip, das von ihm beschrieben wird. Als Folge daraus ist ein Axiom nicht zu beweisen, ein Versuch entbehrt jeglicher Grundlage. Deshalb schauen Sie sich bitte die Erläuterung der fünf Grundsätze an! Einen Beweis dafür kann und wird es nie geben.

Die fünf Kommunikationsaxiome des Paul Watzlawick

Man kann nicht nicht kommunizieren.

Egal was Sie tun: Sie kommunizieren immer mit Ihrer Umgebung. Das muss nicht das gesprochene oder geschriebene Wort sein. Auch Schweigen ist sehr beredt! Denn Sie nutzen – bewusst oder auch unbewusst – Gestik und Mimik, mit der Sie mit Ihrer Umgebung in Kontakt treten. Achten Sie deshalb nicht nur auf das, was Sie mit Worten, sondern auch auf das, was Sie mit Ihrer Körpersprache sagen.

Die Beziehung bestimmt den Inhalt.

Sie kennen die Sach- und die Beziehungsebene. Ausführlicher werden wir darüber mit Schulz von Thun diskutieren. Nur so viel: Wer sagt:»Nun lassen Sie uns doch sachlich bleiben!«, spricht vieles an, doch am wenigsten die Sachebene!

Kommunikation hat keinen Anfang und kein Ende.

Es gab einen Blödel-Song mit dem Titel: »Alles hat ein Ende, nur die Wurst hat zwei!« In der Kommunikation ist das ganz anders. Erinnern Sie sich an den letzten Streit mit einem Kollegen! Hat er angefangen oder haben Sie den Stein ins Rollen gebracht? Die Kommunikationstheorie geht davon aus, dass nicht eindeutig festgelegt werden kann, wann eine Kommunikation – also zum Beispiel ein Streit – begonnen hat und wann sie endet. Zugegeben, das ist ein gewöhnungsbedürftiges Axiom!

Es existiert digitale und analoge Kommunikation.

Die digitale Kommunikation ist das gesprochene Wort, bei der die Logik – die Sache – im Vordergrund steht. Hinzu kommt der Beziehungsaspekt, die analoge Kommunikation. Diese beiden Kommunikationen sollten möglichst stimmig sein, also zueinanderpassen.

Man spricht von symmetrischer und komplementärer Kommunikation.

»Gegensätze ziehen sich an!« oder doch »Gleich und Gleich gesellt sich gern!«? Beides ist richtig. Kommunizieren Sie komplementär, so ergänzen Sie sich mit Ihrem Gesprächspartner. Dabei kann es auch sein, dass die Ergänzung darin besteht, dass Sie die dominante Rolle spielen und der andere die unterwürfige. Symmetrisch sind Sie, wenn Sie im Gleichklang miteinander sprechen.

Verlassen wir nun den Altmeister und kommen zu den vier Seiten einer Nachricht. Stellen Sie sich bitte folgende Situation vor: Sie befinden sich mit Ihrem Vorgesetzten im Gespräch mit einem wichtigen Kunden. Zum Ende hin fragt Sie der Kunde:»Können Sie mir bitte das Gesagte in einer kurzen Präsentation bis Freitag zusammenfassen?«

Noch bevor Sie ein Wort über die Lippen bringen konnten, ergreift Ihr Chef die Initiative und antwortet:»Ja, das kann er!« Wie interpretieren Sie diesen einfachen Satz aus den vier Perspektiven heraus? Lassen Sie uns das gemeinsam versuchen!

Der Sachinhalt

Diese Ebene sollte Ihnen keinerlei Schwierigkeiten bereiten! Ihr Chef könnte schlicht und ergreifend der simplen Auffassung sein, dass Sie der gestellten Aufgabe gewachsen sind. Herzlichen Glückwunsch!

Mehr können Sie – aus der sachlichen Perspektive – nicht herauslesen. Alles Weitere ist Interpretation, die insbesondere von Ihren anderen »Ohren« ausgeht.

Die Selbstoffenbarung

Vielleicht ist Ihr Chef froh, dass er nichts zusammenfassen muss. Denn erstens fehlt ihm die Vertrautheit mit PowerPoint und zweitens hat er einen übervollen Terminkalender.

Oder zeigt er hier sein vollstes Vertrauen in Ihre Fähigkeit und lässt Ihnen damit öffentlich Anerkennung zuteilwerden?

Einer Wahrheit müssen Sie nun ins Auge sehen: Egal was Sie empfinden, es bleibt Spekulation! Missverständnisse sind vorprogrammiert, denn Sie können nicht wissen, was Ihr Chef mit seinen Worten wirklich ausdrücken wollte. Und Sie können schwerlich die eigene Reaktion auf die Aussage beeinflussen.

Seien Sie sich einfach der Mehrdeutigkeit bewusst und akzeptieren Sie sie als Teil der zwischenmenschlichen Kommunikation!

Die Beziehung

Die Äußerung Ihres Chefs zeigt dem Kunden mehr oder minder deutlich, in welcher Beziehung Sie zu ihm stehen. Rein organisatorisch hat Ihr Chef das gute Recht, Ihnen einen Auftrag zu erteilen. Zudem sieht er es als normal an, in Ihrem Namen zu antworten. Wenn Sie so wollen:»Oben sticht unten!«

Das klingt für Sie negativ? Das sollte es aber nicht! Hierarchisch geordnete Beziehungen, die sich auch in der Kommunikation widerspiegeln, sind in der beruflichen Realität mehr als nur Alltag. Und das ist in vielen Fällen auch gut so!

Der Appell

Der »Mund« gibt einen Befehl, einen Auftrag. Ihr Chef sagt zwar nur, dass Sie etwas können, legt Ihnen aber mit seinen Worten gleichzeitig sehr nahe, das vom Kunden Geforderte auch zu tun.

Empfangen Sie auf dem entsprechenden »Ohr«, dann werden Sie vielleicht sogar sehr, sehr schnell an die Umsetzung gehen.

 Hören Sie in der Regel immer einen Appell? Sowohl im Privaten als auch im Beruf? Dann haben Sie es bestimmt nicht einfach, den vermeintlich immer neuen und immer weiter anwachsenden Erwartungen gerecht zu werden. Die Gefahr des Aktionismus bei Ihnen ist mehr als nur latent. Versuchen Sie doch einfach mal bewusst, Selbstoffenbarungen zu hören. Das kann Ihr Leben erleichtern, Ihnen mehr Zeit verschaffen oder einfach nur amüsanter sein, als ständig Aufforderungen nachkommen zu müssen.

Kurzes Resümee

Lassen Sie uns kurz zusammenfassen: Kommunikation ist ein wesentliches Element des menschlichen Seins (klingt gut, oder?). Darüber hinaus ist sie die Grundlage eines wertschätzenden Umgangs mit anderen Personen.

Doch ist Sprechen nicht gleich Sprechen. Es gibt in jeder Nachricht verschiedene Botschaften. Diese im eigenen Sinne zu senden oder zu empfangen, ist eine tägliche Herausforderung. Gehen Sie sorgsam mit verbaler und non-verbaler Kommunikation um. Damit erleichtern Sie nicht nur Ihr eigenes (Berufs-)Leben, sondern tragen zu einem gepflegten Umgang bei.

Doch nun genug davon. Wir schauen uns im Folgenden einige spezifische Situationen im Berufsalltag an und entwerfen daraus einen gewissen Leitfaden für das gute Benehmen, auch ohne zu reden!

Was Sie als Führungskraft richtig machen sollten

Sie sind Chef? Das ist schön. Verfallen Sie bitte nicht der Versuchung, Ihre gute Kinderstube beim Umgang mit Ihren Mitarbeitern auszublenden. Gerade in schwierigen Situationen ist es ein Qualitätsmerkmal für jede Führungskraft, in

Knigge-Manier Höflichkeit und Wertschätzung zu bewahren. Sehen wir uns dazu einige Verhaltensregeln und -empfehlungen genauer an.

 Der Grundsatz der Wertschätzung gilt über alle Hierarchie-Ebenen hinweg! Niemand ist aufgrund seiner Position mehr oder weniger wert als der andere. Respekt gegenüber Vorgesetzten ist sicherlich immer geboten. Doch als Führungskraft müssen Sie sich diesen Respekt immer wieder neu verdienen. Beachten Sie die Etikette und Sie haben damit einen ersten Schritt zur Akzeptanz bei Ihren Mitarbeitern unternommen.

Das Mitarbeitergespräch

Am häufigsten kommen Sie mit Ihren Mitarbeitern im so genannten»Mitarbeitergespräch« in direkten und intensivsten Kontakt. Dabei gibt es viele verschiedene Arten dieses Gesprächs:

✔ Beurteilungsgespräch

✔ Zielvereinbarungsgespräch

✔ Feedbackgespräch

✔ Kritikgespräch

✔ Coachinggespräch

✔ Jour fixe

Nicht zu vergleichen mit dem Flurgespräch, das formlos und zum Teil auch ohne jegliche tiefgründige Intention erfolgt.

 Auch wenn das Gespräch im Vorbeigehen keine inhaltliche Relevanz haben muss, ist es doch sehr wichtig in Ihrem Verhältnis zu den Mitarbeitern! Sie erinnern sich noch daran, wie suspekt unterschiedliche Eindrücke von einer Person erscheinen können? Bleiben Sie immer – immer! – Ihrer wertschätzenden Linie treu!

Wie gelingt es Ihnen nun, diese nicht nur für Sie, sondern insbesondere für Ihre Mitarbeiter wichtigen Unterhaltungen in einen wertschätzenden Rahmen zu bringen? Fangen wir leicht, jedoch für den ein oder anderen ungewöhnlich an. Laden Sie Ihren Mitarbeiter zu dem Gespräch ein!

Die Einladung

»Wie bitte? Einladen? Ich veranstalte doch keine Party!« Recht haben Sie! Doch was ist die Alternative? Zitieren Sie einen Menschen zum Kritikgespräch? Das wird sicherlich in Offenheit und mit vollster Konstruktivität verlaufen!

Ein Mitarbeitergespräch soll einem bestimmten Ziel dienen. So hat es immer den Anspruch, Mehrwert zu erzeugen. Mehrwert für den Mitarbeiter, für Sie, für Ihr Unternehmen. Können Sie von vornherein ausschließen, dass Ihre Unterhaltung einen Fortschritt – zum Beispiel eine positive Verhaltensänderung – bringen kann, dann sparen Sie sich die Zeit und damit Ihrem Unternehmen Geld!

 Hatten Sie auch schon mal das Gefühl, sich spontan über einen Angestellten aufregen zu müssen? Wollten Sie ihm direkt ins Gesicht sagen, was Ihnen nicht passt? Das ist nur allzu menschlich. Halten Sie sich mit solchen Emotionsausbrüchen zurück! Natürlich sollen Sie authentisch sein, aber als Führungskraft sollten Sie auch zielorientiert vorgehen. Deshalb: Überlegen Sie sich immer, was Sie erreichen wollen, und leiten daraus Ihre Worte und Handlungsweisen ab!

Überraschen Sie deshalb und laden – mündlich oder schriftlich – zu diesem Termin ein. Das heißt nicht, dass Sie in den nächsten Schreibwarenladen eilen müssen, um entsprechend bunte Karten zu besorgen. Vielmehr kommt es auf den Inhalt dieser Einladung an:

✔ Wann soll das Gespräch stattfinden?

✔ Wo soll es stattfinden?

✔ Wer wird dabei sein?

✔ Welche Überschrift hat Ihr Treffen?

✔ Auf welche Themen soll sich der Mitarbeiter einstellen?

Mündliche Einladung zum Kritikgespräch – ein Beispiel

»Frau Klein, ich möchte mit Ihnen über Ihr aus meiner Sicht unprofessionelles Verhalten gegenüber unserem Kunden Herrn Oberschlau sprechen. Konkret geht es darum, wie lange Sie ihn am Empfang haben warten lassen und wie Sie mit seinen Wünschen im Nachgang an Ihr Treffen umgegangen sind. Deshalb bitte ich Sie heute Nachmittag um 16 Uhr zu mir ins Büro.«

Die Worte lassen an Deutlichkeit kaum etwas vermissen. Dennoch bieten sie Frau Klein nun einige Möglichkeiten: Sie weiß, dass Sie sauer sind. Sie kann nicht nur erahnen, dass Sie Kritik äußern werden. Da sie die konkreten Themen kennt, kann sie sich vorbereiten.

Und gerade in dem letzten Punkt sehen viele Führungskräfte für sich einen Nachteil: Denn es gibt ja gar nicht mehr dieses Überraschungselement, das den Mitarbeiter quasi wehrlos den Attacken des Chefs ausliefert. Sie merken an meiner Wortwahl, welche Einstellung ich dazu habe.

Nur eine schwache Führungskraft nutzt seine (wissende) Position gnadenlos aus. Noch einmal der gedankliche Schwenk zurück. Warum führen Sie ein solches Gespräch? Um nachhaltig einen Mehrwert zu erzielen. Deshalb müssen Sie ein Umfeld schaffen, das einen konstruktiven Austausch ermöglicht. Das heißt nicht, dass Sie nicht klar Position beziehen sollen. Im Gegenteil: Auch Klarheit ist eine Form der Wertschätzung, doch nur dann, wenn sie einen positiven Fortgang im Miteinander ermöglicht.

Die Sitzposition

Sie haben also zum Gespräch geladen, natürlich Ihre Worte noch einmal sorgfältig überlegt und vielleicht auch einige Unterlagen vorbereitet. Nun betritt Ihr Mitarbeiter Ihr Büro und nach einer kurzen Begrüßung schreiten Sie beide zum Besprechungstisch (oder zu Ihrem Schreibtisch).

Hier gibt es dann auch etwas zu beachten und im Vorfeld zu durchdenken. Wie wollen Sie zueinander sitzen? Hierauf gebe ich Ihnen die klare Antwort: Es kommt darauf an!

Es kommt darauf an, um welche Art von Mitarbeitergespräch es sich handelt und inwieweit Sie durch die jeweilige Sitzposition den Inhalt Ihrer Worte verstärken wollen.

Grundsätzlich haben Sie zwei Möglichkeiten:

1. Sie sitzen nebeneinander.
2. Sie sitzen gegenüber.

Im ersten Fall unterstreichen Sie das Miteinander. Sie bilden – wenngleich Führungskraft – mit Ihrem Mitarbeiter ein Team. Sie stellen die Gemeinsamkeiten heraus, vielleicht unterstreichen Sie auch die Bindung, die zwischen Ihnen beiden herrscht.

Klassischerweise werden Sie diese Sitzordnung im Fall des Coachings, des Jour fixe, der Zielvereinbarung oder Beurteilung wählen.

Im zweiten Fall gehen Sie auch physisch auf Distanz. Sie sind in der absoluten Chefrolle. Sie unterstreichen die Hierarchie, was meistens der Fall ist, wenn es um (negative) Kritik geht.

 Sie möchten ganz bewusst einem uneinsichtigen Mitarbeiter Ihre Macht demonstrieren? Dann bleiben Sie an Ihrem Schreibtisch sitzen und positionieren einen Besucherstuhl davor. In der Regel dürfte Ihr Stuhl etwas höher sein als jener. Damit zwingen Sie Ihr Gegenüber, zu Ihnen aufzublicken. Bitte: das nur sehr bewusst und im Grenzfall einsetzen! Denn Wertschätzung auf Augenhöhe ist das nicht mehr!

Die Gesprächsführung

Sie haben ja bereits einiges zur Kommunikation gelesen, dennoch erscheint es mir sinnvoll, noch einige spezifische Tipps für die Gesprächsführung zu geben.

Egal, welches Thema anliegt und welche Emotionen gerade bei Ihnen oder Ihrem Mitarbeiter mitschwingen, es schadet nicht, wenn Sie sich an einen einheitlichen Gesprächsablauf halten. Er gibt nicht nur Ihnen, sondern auch Ihrem Mitarbeiter Sicherheit. Nur wer mit einer gewissen inneren Sicherheit ein Gespräch führt oder einen Disput ausficht, kann zu einem konstruktiven Ergebnis kommen.

Folgenden Ablauf (oder Agenda) empfehle ich Ihnen:

✔ Begrüßung und Wiederholung des Anlasses

✔ Sichtweise des Mitarbeiters erfragen

✔ Eigene Sichtweise darstellen

✔ Vereinbarung treffen

✔ Verabschiedung

Das sieht nicht nach Hexenwerk aus, ist es auch nicht. Dennoch gehört eine gehörige Portion Konzentration und Konsequenz dazu, sich immer wieder an einen solchen Ablauf zu halten.

 Natürlich handelt es sich bei dieser Darstellung nur um einen standardisierten Vorschlag. Sie führen in Ihrem Alltag sicherlich die diversesten Gespräche mit Ihren Mitarbeitern, zum Teil regelmäßig, zum Teil anlassbezogen. Gerade für die regelmäßigen Zusammenkünfte macht es Sinn, dass Sie eine Agenda definieren, die Sie Ihren Mitarbeitern – beispielsweise in einer Teamrunde – präsentieren und erläutern.

Gerade das Erfragen der Mitarbeiterposition mag der einen oder dem anderen unter Ihnen schwierig erscheinen, doch hieran führt kein Weg vorbei. Merke: »Wer fragt, der führt!«

Doch auch aus der reinen Etikette-Lehre heraus ist dieser Ansatz richtig. Denn Sie erinnern sich: Es kommt auf einen wertschätzenden Umgang miteinander an. Die Wertschätzung zeigen Sie nicht nur, aber gerade in konfliktbehafteten Situationen, indem Sie die Meinung und Sichtweise Ihres Gegenübers zur Geltung kommen lassen.

Verzichten Sie bestenfalls auf Kommentare wie »Ja, aber ...«! Ein überzeugtes »Das verstehe ich, und gleichzeitig ...« wirkt viel besser.

Wie Sie stilvoll Konflikte in Win-win-Situationen verwandeln können, lesen Sie an späterer Stelle in diesem Buch.

Neben der Wert-Schätzung sollten Sie in jedem Gespräch auch das Ziel der Wert-Schöpfung verfolgen. Wie das? Treffen Sie Vereinbarungen! Sagen Sie Ihrem Mitarbeiter, was Sie nach dem Gespräch von ihm, seinem Verhalten und so fort erwarten. Oder besser: Lassen Sie ihn oder ihr den Raum für eine eigene Formulierung. Schaffen Sie das nicht, hätten Sie nicht nur sich selbst die Zeit sparen können!

Zum Abschluss dieses Unterkapitels noch ein Tipp an jede Führungskraft, die mit Selbstbewusstsein an ihrer eigenen Entwicklung arbeitet.

 Lassen Sie sich am Ende Ihrer Mitarbeitergespräche eine Rückmeldung zu eben diesem Gespräch geben, mit anderen Worten: Fordern Sie Feedback ein! Geben Sie Ihren Mitarbeitern die Gelegenheit, auch Ihnen zu sagen, wie sie die Diskussion empfunden haben, was sie sich vielleicht anders wünschen. Damit erreichen Sie mehrere Dinge auf einmal. Ihre Mitarbeiter lernen, nicht nur Feedback zu erhalten, sondern auch Feedback zu geben. Sie selbst bekommen eine – zugegeben subjektive – Vorstellung Ihrer Wirkung und können Ihr Verhalten zukünftig verbessern. Nicht zuletzt erreichen Sie eine höhere Ebene der gegenseitigen Wertschätzung und des Vertrauens.

Sie werden vielleicht Ihre Gesprächspartner mit dieser Bitte nach Feedback überraschen, eventuell gar überfordern. Entscheidend sind aus meiner Sicht drei Punkte:

1. Meinen Sie es ernst mit Ihrer Bitte! Die Mitarbeiterin oder der Mitarbeiter wird sehr schnell erkennen, ob Sie tatsächliches Interesse haben oder nur floskelhaft unterwegs sind.

2. Stellen Sie klar, was Feedback ist. Beim Feedback wird Verhalten beobachtet, beschrieben, die Wirkung (subjektiv) erläutert und ein Wunsch für zukünftiges Verhalten geäußert. Damit verhindern Sie nicht fundierte Retourkutschen, auch und gerade nach kritischen Gesprächen.

3. Feedback ist und bleibt ein Geschenk! Es obliegt Ihnen, ob Sie es annehmen und etwas ändern oder ob Sie es lediglich aufnehmen im Sinne von Anhören.

Damit verlasse ich den speziellen Bereich der Mitarbeitergespräche und komme nun zu dem alltäglichen Verhalten in Unternehmen.

Ohne Worte führen

Natürlich, mit Fragen beziehungsweise mit der richtigen Fragetechnik können Sie viel von einem anderen Menschen erfahren und ihn selbst sogar zu wertvollen eigenen Erkenntnissen führen. In der entsprechenden Literatur rund um das Thema »Führung« werden Sie hierzu genügend Anregungen finden.

Vorsicht ist beim Einsatz von Fragen dennoch geboten! Bei einem Kennenlerngespräch sagte einmal ein Mitarbeiter lachend zu mir: »Das ist ja wie ein Verhör!« Ich hatte zu viele Fragen in zu kurzer Zeit gestellt.

Dem können Sie entgehen, indem Sie noch aktiver zuhören und auch Pausen zulassen. Gerade die Pause, unterstützt durch Kopfnicken und die typischen Laute »Mmh!« oder »Ah, ja« tragen dazu bei, dass Sie das Heft im Gespräch in der Hand behalten. Probieren Sie das mal verstärkt aus und Sie werden feststellen, dass Ihr Gesprächspartner mehr redet und sich dabei zugleich besser fühlt.

Auch diese Vorgehensweise finden Sie in der Fachliteratur beschrieben, zum Teil unter dem Titel »non-direktive Gesprächsführung«.

Die Führungskraft als Vorbild

Keine Angst! Ich werde an dieser Stelle keine Grundsatzdiskussion über die Richtigkeit der häufig gehörten Anforderung »Die Führungskraft ist Vorbild!« führen. Als Denkaufgabe gebe ich Ihnen nur folgende Frage mit:

»Wie würde Ihre Abteilung aussehen, wenn jeder Mitarbeiter ein Klon von Ihnen wäre?«

Jedoch aus dem Blickwinkel der Etikette heraus können Sie sehr wohl vorbildlich sein, und das in ganz unspektakulären Bereichen.

Die Kleiderordnung – dazu an späterer Stelle sehr ausführlich mehr – gilt auch für Sie! Das bedeutet zunächst, dass Sie sich an die vorgegebenen Dresscodes – zum Beispiel »Business« – in jedem Fall zu halten haben. Im Zweifel sollten Sie immer die konservativere Auslegung wählen. Damit zeigen Sie jungen, eher wenig erfahrenen Mitarbeitern symbolisch und nicht verbal, welche Kleidung Sie für angemessen erachten. Zum anderen verlangen Sie nichts von Ihrer Einheit, was Sie nicht für sich selbst als Maßstab setzen.

Neben der Art der Kleidung ist auch der Umgang mit ihr relevant. Was heißt das? Stellen Sie sich vor, es ist Hochsommer, die Temperaturen steigen über die 30°-Marke und es ist drückend schwül. Zu einem korrekten Business-Outfit gehört nach wie vor das Tragen des Sakkos. Das gilt für Mitarbeiter wie Führungskräfte.

Auch in Verhalten und Rhetorik gegenüber Angestellten und Kunden geht von Ihnen optimalerweise eine positive Strahlkraft aus. Denken Sie immer daran, dass Sie als Vorgesetzter ständig von Ihren Mitarbeitern beobachtet werden. Jede Geste, jede Mimik, jedes Wort ist zur freien Interpretation freigegeben.

Das bedeutet jetzt nicht, dass Sie während des Arbeitstages vor dem Hintergrund der Vorbildfunktion in das Verhalten eines gut geschulten Schauspielers verfallen sollten. Natürlich bleiben Sie authentisch, gleichzeitig jedoch richtig und/ oder korrekt in Ihrem Auftreten und sind sich bewusst, beobachtet zu werden.

 Auch hier können Sie das Hilfsmittel »Feedback« benutzen. Lassen Sie sich von Ihren Mitarbeitern zurückmelden, wie man Sie wahrnimmt. Gerne auch von Kunden. Das gibt Ihnen ein gutes Bild darüber, was Sie mit Ihrem Verhalten bewirken im Vergleich zu dem, was Sie ursprünglich beabsichtigt haben.

Ich stoppe an dieser Stelle die Auflistung. Wenn Sie Ihren täglichen Arbeitsablauf betrachten, werden Sie sicherlich noch weitere Beispiele für Ihre Rolle als Vorbild finden. Das überlasse ich jetzt aber gerne Ihnen!

Der Alltag im Unternehmen

Die nächsten Seiten beschäftigen sich mit eher alltäglichen Situationen in vielen Unternehmen. Dabei geht es um generelle Verhaltensstandards, die für jeden gelten, um den Umgang von Kollegen untereinander und letztlich auch um das Zusammenspiel über die Hierarchieebenen hinweg.

Spannenderweise werden Sie an der ein oder anderen Stelle auch schon Informationen darüber bekommen, wie Sie sich gegenüber Kunden verhalten sollten.

Duzen im Geschäftsalltag

Eine immer wieder gern gestellte Frage ist:»Wie sollen wir es mit dem Du und dem Sie halten?« Dahinter verstecken sich einige Unsicherheiten:

✔ Wer bietet wem das Du an?

✔ Darf ich das Du ablehnen, wenn mein Chef es mir anbietet?

✔ Passt es zur Unternehmenskultur, sich zu siezen?

✔ Wie halten wir es mit dem Du, wenn wir zu mehreren bei einem Kunden sind?

✔ Welche Alternativen gibt es zum Du?

Das Du anbieten

Wenn in Seminaren diese Frage gestellt wird, heißt es immer noch sehr oft:»Die Frau dem Mann!« Das mag in einigen Situationen richtig sein, gilt aber gerade im beruflichen Kontext nicht immer. Generell gilt:

✔ Der Ranghöhere gibt das Angebot dem Rangniederen.

✔ Der Dienstältere gibt das Angebot dem Dienstjüngeren.

✔ Die Kollegin gibt das Angebot dem Kollegen.

Diese Auflistung versteht sich auch in genau dieser Reihenfolge. Denn darüber steht der Grundsatz:

»Rang vor Alter vor Geschlecht«

Exemplarisch bietet also der 30-jährige, gerade in die Firma eingetretene Abteilungsleiter seiner 54-jährigen Mitarbeiterin, die schon dort die Ausbildung gemacht hat, das »Du« an.

Den Chef (nicht) duzen

Viele Mitarbeiter fühlen sich unwohl mit einem Chef, den sie duzen, sind jedoch zugleich der Ansicht, dass sie ein solches Angebot nicht ablehnen dürfen.

Das Unwohlsein resultiert in der Regel daraus, dass eine extreme Unsicherheit darüber besteht, welche Bedeutung das Du zwischen Führungskraft und Mitarbeiter hat. Mit Verlaub: so gut wie gar keine! Denn es handelt sich in keinster Weise um etwas wie eine Freundschaftsbekundung, sondern nur um eine andere Art der Konversation.

Verlieren Sie nicht die professionelle Distanz mit dem Duzen! Das kann weder in Ihrer noch in der Absicht des Vorgesetzten sein. Im Zweifel sollten Sie nach der »Du-Bruderschaft« ein klärendes Gespräch zum zukünftigen Umgang miteinander führen.

Es steht Ihnen immer zu, ein angebotenes Du auch abzulehnen. Bevor Sie anfangen, den Kopf zu schütteln: Das Recht haben Sie. Ob es auch geschickt ist, sollten Sie selbst entscheiden.

Für diejenigen unter Ihnen, die ein Du – nicht nur gegenüber einer Führungskraft – ablehnen möchten, hier ein Vorschlag für eine wertschätzende Formulierung:

»Vielen Dank, Frau Gernnah! Ihr Angebot zeigt mir, dass Sie nicht nur meine Arbeit, sondern auch meine Person schätzen. Gerade deshalb wäre es mir sehr lieb, wenn wir unsere bisherige Zusammenarbeit auch hinsichtlich der Anrede wie gehabt fortsetzen könnten. Wären Sie damit einverstanden?«

Wenn Sie sich als einzige Person im Umfeld mit Ihrer Führungskraft duzen, sollten Sie wissen, dass Ihnen von Ihren Kollegen ein gewisses Maß an Misstrauen entgegengebracht wird. Das insbesondere dann, wenn Sie beide sich schon vor Ihrer gemeinsamen beruflichen Zeit kannten. Dann gehen Sie bitte aktiv mögliche Missverständnisse an. Bestenfalls übernimmt der Chef diese Aufgabe.

Das Du in der Unternehmenskultur

Die Unternehmenskultur sollten Sie in vielfältiger Hinsicht beachten. Teilweise wird sie sogar in Form so genannter »Policies« schriftlich niedergelegt. Auch das Duzen kann davon betroffen sein.

 Bevor Sie voreilig ein Du anbieten oder annehmen oder ablehnen, sollten Sie sich in Ihrem Unternehmen beziehungsweise Ihrer Abteilung umsehen, wie die Allgemeinheit mit diesem Thema umgeht!

Gerade in angelsächsischen Unternehmen ist das hierarchieübergreifende Duzen an der Tagesordnung. Die Regel, wer wem das Du anbietet, bleibt davon unberührt.

Gerade dort, wo die Kultur den vermeintlich lockereren Umgang vorzuschreiben scheint, ist Vorsicht geboten. Denn beachten Sie bitte, dass es im Englischen keine entsprechende Form des »Sie« gibt! Dort wird zwar häufig der Vorname mit »you« verwandt. Das entspricht bei Weitem aber nicht dem deutschen »Du«!

Wenn Sie zwischen Deutsch und Englisch in Gesprächen mit derselben Person wechseln müssen, achten Sie bitte darauf, dass korrekterweise James Hunt im englischen Teil mit »James, you ...«, im deutschen jedoch mit »Herr Hunt, Sie ...« anzusprechen ist. Ausnahme: Sie haben unter der Berücksichtigung der Regel auch im Deutschen das »Du« für sich entdeckt.

Das kollegiale Du beim Kunden

Im täglichen Miteinander sind Sie es gewohnt, sowohl Ihre Mitarbeiter, Ihre Kollegen und Ihre Führungskräfte zu duzen? Wie verhalten Sie sich dann, wenn Sie zum Beispiel mit einem Ihrer Kollegen einem Kunden gegenübersitzen?

Hierfür gibt es keine pauschal richtige Antwort. Die Empfehlung lautet: Wechseln Sie vor dem Kunden zum »Sie«! Das klingt vielleicht ein wenig unnatürlich und verlangt selbstverständlich auch ein erhöhtes Maß an Konzentration. Dennoch: Um Missverständnisse und auch unangenehme Gefühle beim Kunden, der ja bekanntlich König sein sollte, zu vermeiden, haben Sie keine Wahl.

Gleichwohl biete ich Ihnen eine Alternative an, die sich allerdings auf die Zeit vor dem Treffen mit dem Kunden bezieht: Sprechen Sie sich mit Ihrem Kollegen ab! Wägen Sie Vor- und Nachteile der verschiedenen Möglichkeiten ab und einigen Sie sich auf ein konsistentes Verhalten. Nur eine Bitte: Bleiben Sie dann auch konsequent!

Alternativen zum Du

Sie haben letzten Endes drei Varianten zur gegenseitigen Ansprache:

✔ Sie verwenden das »Sie«.

✔ Sie verwenden das »Du«.

✔ Sie verwenden das »hanseatische Sie«.

Die ersten beiden Möglichkeiten kennen Sie. Das »hanseatische Sie« bezeichnet die Kopplung des »Sie« mit dem Vornamen des Gegenübers. Auch hier sollte es zuvor ein Angebot gegeben haben!

Das »hanseatische Sie« ist im Übrigen noch am ehesten mit der angelsächsischen Verwendung des Vornamens in Kombination mit »you« zu vergleichen. Das sollte auch die obigen Erläuterungen zum Englischen nochmals verdeutlichen können.

Im Meeting

Eine der häufigsten Situationen, in der es sich für Sie lohnt, Etikette-sicher zu sein, ist das Meeting. Das Meeting – gibt es eigentlich noch eine deutsche Version dieses Begriffes? – bietet die verschiedensten Möglichkeiten, sich korrekt, leider aber auch sich völlig inkorrekt zu verhalten.

Dabei kommt es gar nicht darauf an, welchen Anlass das Meeting hat: die wöchentliche Besprechung mit Ihren Mitarbeitern und Kollegen, der Auftakt zu einem Projekt, die finale Kundenpräsentation. Immer geht es um gegenseitigen Respekt, um Höflichkeit, um Wertschätzung.

Das Meeting richtig vorbereiten

Sie planen ein Meeting? Dann sind Sie in der beneidenswerten Position, vieles zu einem echten Gelingen beitragen zu können. Eine richtige Planung ist die Grundvoraussetzung. Nachfolgende Unterpunkte sollten Sie unbedingt klären:

✔ Wann im Sinne von Datum und genauer Uhrzeit soll das Meeting stattfinden?

✔ Welche Zeit wird das Meeting in Anspruch nehmen?

✔ Wo ist der Veranstaltungsort?

✔ Welches Ziel verfolgt das Meeting und wie sollte daher die Agenda zeitlich und inhaltlich strukturiert werden?

✔ Wer muss unbedingt an dem Treffen teilnehmen?

✔ Worauf sollten sich die Teilnehmer vorbereiten?

✔ Welche Technik wird benötigt und steht diese auch zur Verfügung?

✔ Muss für Getränke und Imbiss gesorgt werden?

Klären Sie bitte diese Fragen, bevor Sie die Einladung zum Meeting an die Teilnehmer versenden.

 Gerade die Frage nach den notwendigen Teilnehmern sollten Sie akkurat beantworten! Damit stellen Sie sicher, dass keine »Meeting-Touristen« an der Zusammenkunft teilnehmen. Nur Personen, die wirklich etwas zu sagen haben, sollten von Ihnen die Chance dazu bekommen!

Wenn Sie sich die Liste der Fragen beantwortet haben, sollten Sie dennoch nicht der Versuchung verfallen, eine zu ausführliche Einladung zu formulieren! Natürlich: Ihre Antworten interessieren sicherlich auch die potenziellen Teilnehmer. Deshalb haben einige auch in der – natürlich schriftlichen! – Einladung ihren Platz. Doch bitte: Langweilen Sie nicht mit zu umfangreichen Texten!

Laden Sie bitte so rechtzeitig ein, dass alle Teilnehmer die Chance haben

✔ ihre Terminkalender zu blocken,

✔ die entsprechenden Vorbereitungen zu erarbeiten,

✔ die Teilnahme rechtzeitig abzusagen,

✔ einen Vertreter benennen zu können.

Man trifft sich

Die in der Einladung angegebene Uhrzeit versteht sich in der Regel als »s.t.«, das bedeutet »sine tempore«, also ohne zusätzlichen Puffer. Ein Meeting, das für 17:00 Uhr angesetzt wurde, wird auch um 17:00 Uhr pünktlich beginnen sollen.

 »Sine tempore« bedeutet in der wörtlichen Übersetzung aus dem Lateinischen »ohne Zeit«. Dagegen finden Sie insbesondere im akademischen Umfeld das Kürzel »c.t.«, also »cum tempore« oder »mit Zeit«. Eine Zeitangabe »15:00 Uhr c.t.« bedeutet dann, dass die Veranstaltung erst eine Viertelstunde nach 15 Uhr beginnen wird. Typischerweise beginnen Vorlesungen an den Hochschulen fünfzehn Minuten nach einer vollen Stunde.

Richten Sie – als normaler Teilnehmer – Ihre Zeit bitte so ein, dass Sie ungefähr zehn bis fünfzehn Minuten vor Beginn des Meetings an Ort und Stelle sind. Damit können Sie sich einen Zeitpuffer gönnen, den Sie auf dem Weg zum Meeting vielleicht benötigen.

Ein weiterer Vorteil: Sie können einen ersten Kontakt zu den anderen Teilnehmern aufnehmen – wie Sie korrekt grüßen, haben Sie ja schon in Kapitel 1 gelesen. Vielleicht haben Sie Lust an einem Small Talk? Oder Sie wollen sich selbst bei den anderen bekannt machen? Oder Sie nutzen die Gelegenheit, den Moderator zu begrüßen, der Sie zu einem späteren Zeitpunkt während des Meetings zu Ihrer Präsentation ankündigen soll. Vielleicht benötigen Sie sogar noch den ein oder anderen Verbündeten, wenn es darum geht, für anfallende Entscheidungen eine Mehrheit für Ihre Position zu gewinnen?

Und noch ein Vorteil frei nach dem Motto »Wer zuerst kommt, mahlt zuerst«: Wählen Sie Ihren Sitzplatz am Tisch! Sie sollten gut sehen und hören können. Außerdem ist es den meisten Menschen angenehmer, nicht mit dem Rücken zur Tür zu sitzen und dabei von der hereinscheinenden Sonne geblendet zu werden. Schaffen Sie sich Vorteile, nutzen Sie die Vorteile! Und das alles nur mit einem vernünftigen Zeitmanagement!

Verspätungen professionell meistern

Natürlich gelingt es Ihnen immer und ausschließlich, zur rechten Zeit am rechten Ort zu sein. Nehmen wir für den Moment den äußerst unwahrscheinlichen Fall an, dass Sie trotz aller getroffenen Maßnahmen nicht pünktlich zum Meeting erscheinen können. Was nun?

Behalten Sie das Heft in der Hand! Agieren Sie nun professionell und wertschätzend! Sobald Sie absehen können, dass sich eine Verspätung nicht vermeiden lässt, greifen Sie zum Handy und informieren den Meetingleiter. Dazu ist es notwendig, die entsprechende Rufnummer im Vorfeld in Erfahrung zu bringen. Verzichten Sie auf großartige Entschuldigungen und Rechtfertigungen, das sparen Sie sich für später auf.

Erreichen Sie den Ort des Geschehens dann nach Beginn des Meetings, entern Sie den Raum bitte nicht mit gezogenem Schwert und lautem »Hallo!«! Stattdessen suchen Sie ruhig Ihren Platz und verzichten auch auf persönliche Begrüßungen. Ein Kopfnicken in Richtung der Personen, die Sie anblicken, genügt für den Moment vollkommen.

In der ersten Pause nutzen Sie dann bitte direkt die Gelegenheit und entschuldigen sich beim Moderator und dem Ranghöchsten im Raum für Ihr Zuspätkommen. Bitte auch jetzt keine Ausreden, sondern sachliche Begründungen.

Korrektes Verhalten während des Meetings

Bitte bringen Sie unbedingt folgendes Equipment mit zum Meeting:

✔ Ihren Laptop

✔ Ihr Handy

✔ gegebenenfalls Ihren Blackberry

✔ Ihre noch ungelesene Post

Nur wenn Sie das alles dabei haben, sind Sie gut auf alles vorbereitet, was nun kommen mag. Insbesondere auf alle erdenklichen Störungen. Auf Störungen, die von Ihnen ausgehen!

Nun im Ernst: Ein Meeting soll eine sinnvolle Zusammenkunft sein, in der konzentriert und konstruktiv Lösungen für Problemstellungen erarbeitet werden sollen. Bringen Sie dazu Ihre Vorbereitungen mit und etwas, um Notizen zu erstellen.

Ihr Handy bleibt bitte – stumm geschaltet – in Ihrer Tasche. Ein Blackberry lädt regelrecht zum Spielen ein oder zum Lesen von E-Mails. Zugegeben, das mag Sie wichtig erscheinen lassen. Aber zugleich sind Sie abgelenkt und geben den anderen Teilnehmern und dem oder den Vortragenden starken Anlass zur Vermutung, dass Sie am Geschehen desinteressiert sind. Dass das nichts mit Wertschätzung zu tun hat, muss ich nicht besonders betonen.

Vielfach werden Sie erleben, dass Laptops auf den Tischen von jedem Anwesenden aufgebaut werden. Das kann sinnvoll sein. Zum Beispiel, um sich elektronische Notizen zu machen. Oder um auf Dateien zugreifen zu können, die zum weiteren Fortgang notwendig sind.

Doch bitte beachten Sie auch: Sie sind »in persona« vor Ort und nicht via Webcams in einer Videokonferenz zusammengeschaltet. Versetzen Sie sich bitte in die Rolle eines Vortragenden oder eines Moderators! Würden Sie nicht lieber in interessierte Gesichter sehen anstatt vor aufgeklappte Bildschirme?

Und noch ein Zeichen für Ihr Desinteresse: ständiges mehr oder weniger lautes Plauschen mit Ihrem Sitznachbarn. Das galt nicht nur in Schulzeiten als Benimmverfehlung!

 Sollten Sie aus triftigem Grund einen Anruf erwarten, so legen Sie Ihr stumm geschaltetes Handy an Ihrem Platz ab. Vor dem Meeting weisen Sie bitte den Meetingleiter und die höchstrangige Person darauf hin, dass Sie eventuell den Raum verlassen müssen, um ein Telefonat zu führen. Geben Sie ruhig den möglichen Anlass bekannt. Geht dann der Anruf ein, greifen Sie bitte Ihr Mobiltelefon, verlassen den Raum und beginnen erst dann das Gespräch. Nach beendetem Telefonat kehren Sie dann zurück und suchen schweigend Ihren Platz auf!

Angemessen gekleidet

Nun gestatten Sie mir bitte noch ein Wort zur Kleidung. Es wird Sie nicht verwundern, wenn ich Ihnen sage, dass ein Meeting grundsätzlich Arbeitszeit ist. Also tragen Sie »Business«! Unaufgeforderte Erleichterung – zum Beispiel das

Öffnen des obersten Hemdknopfes oder das lässige Über-den-Stuhl-Legen eines Jacketts – ist zunächst nicht statthaft.

Das gilt auch und insbesondere, wenn der hochrangigste Teilnehmer sich diesen Vorteil herausnimmt. Erst wenn von ihm die Aufforderung an alle ergeht, es ihm – natürlich auch ihr! – gleichzutun, dürfen auch Sie die Marscherleichterung für sich in Anspruch nehmen.

 Gerade wenn Kunden oder Vertreter eines anderen Unternehmens mit im Raum sind, sollten Sie sämtlichen Temperaturen trotzen und als Zeichen Ihrer Wertschätzung dem kompletten Dresscode treu bleiben!

Ganztägige Meetings

Schauen wir uns noch einen Sonderfall in Hinsicht auf den Dresscode an: das ganz- oder mehrtägige Meeting. Hier finden Sie häufig genug in der Einladung einen Hinweis zum Dresscode. Doch manchmal sorgt dieser für mehr Verwirrung als für Klarheit.

»Freizeitkleidung«, »gepflegte Freizeitkleidung«, »Casual«, »Business Casual«, »Smart Casual«. Alles Begriffe, die Ihnen häufig bei Seminaren, Workshops, Trainings oder Off-Sites begegnen werden. Doch was bedeuten diese Codes? Die Definitionen sind häufig willkürlich, unterscheiden sich von Unternehmen zu Unternehmen, von Person zu Person. Beispiel gefällig?

Versuchen Sie doch bitte zu beantworten, ob eine schwarze Jeanshose zur »gepflegten« Freizeitkleidung gehört oder nicht. Dürfen Sie im »Smart Casual« ein Polohemd tragen? Und gehört das ärmellose Top zu »Casual«?

Wenn Sie sich unsicher sind: Fragen Sie bei derjenigen Person nach, die Ihnen die Einladung geschickt hat! Ich hoffe, Sie bekommen eine Antwort, denn leider muss immer wieder festgestellt werden, dass die genannten Begriffe oftmals ohne nähere Kenntnis benutzt werden.

Deshalb an dieser Stelle ganz offiziell: Es gibt im beruflichen Umfeld nur drei relevante Dresscodes: »Business«, »Business Casual« und »Casual«! Die genauen Definitionen lesen Sie im Verlauf dieses Buches.

Mehr brauchen Sie nicht! Denken Sie bitte daran, wenn Sie selbst einladen. Gehen Sie aber bitte auch davon aus, dass Ihre Adressaten nicht unbedingt das gleiche Verständnis von stilvoller Kleidung haben wie Sie! Im Zweifel greifen Sie zum strengeren »Business Casual« anstelle des »Casual«. Das steigert Ihre Chance, kein Metallica-T-Shirt erblicken zu müssen, nahezu ins Unendliche.

Das Ende des Meetings

Es können Umstände vorhanden sein, die Sie nötigen, vor dem offiziellen Ende das Meeting verlassen zu müssen. Sprechen Sie darüber! Im Vorfeld! Mit dem Moderator und der oder dem Höchstrangigen! Überlassen Sie es diesen Personen, den anderen Teilnehmern Ihr früheres Fortgehen anzukündigen oder nicht.

Teilen Sie – ähnlich wie beim unumgänglichen Telefonat – bestenfalls den Grund mit. Ist dann Ihre Zeit gekommen, räumen Sie geräuschlos Ihre Sachen zusammen und verlassen ruhig den Raum. Vielleicht nehmen Sie noch einmal Blickkontakt zum Meetingleiter auf, um ihm das Signal für Ihren Aufbruch zu geben.

Bevor ich es vergesse: Das Meeting ist beendet, wenn der Leiter es beendet. Das kann das ein oder andere Mal durchaus schwer zu ertragen sein. Dennoch sollten Sie auch nach vielen Stunden oder einer überschrittenen Zeit erst nach dem finalen Signal zum Aufbruch blasen und Ihre Sachen zusammenpacken.

Für den Meetingleiter gilt: Halten Sie sich bitte an die Agenda und die vorgesehene Zeit. Nichts wird Ihnen weniger verziehen als das Überschreiten der angekündigten Dauer. Sollte es dennoch einmal unumgänglich sein, weisen Sie bitte frühzeitig darauf hin. Vielleicht verbinden Sie diese Ankündigung direkt mit einer kurzen Pause. Die Teilnehmer können diese dafür nutzen, den weiteren, nun zeitlich verzögerten Ablauf ihres Arbeitstages zu koordinieren.

»Mahlzeit!«

Welch wunderbarer Gruß zur Mittagszeit hallt landauf, landab um die Mittagszeit durch die Unternehmen! Ursprünglich handelt es sich hier um eine Verkürzung des Wunsches »Gesegnete Mahlzeit!« aus dem 19. Jahrhundert. Was früher einmal ein Wunsch für das Essen war, entwickelte sich zu einem Tagesgruß. Weder das eine noch das andere gehört zur modernen Business-Etikette.

Bitte lassen Sie diesen Begriff einfach weg! Auch wenn man Sie mit »Mahlzeit!« anredet, können Sie immer noch »Guten Tag!« oder – weniger förmlich – »Hallo!« erwidern.

Sollte Ihnen »Mahlzeit!« bei Tisch – häufig in der Kantine – begegnen, setzen Sie ein charmantes Lächeln auf und wünschen viel Vergnügen beim Essen.

Tischmanieren

Bleiben wir beim Stichwort »Essen« und schauen uns den vielleicht mittäglichen Gang in die Kantine oder zum Stammitaliener nebenan kurz genauer an. Kurz, weil Sie in den späteren Artikeln noch viel ausführlicher die Tischetikette kennen lernen werden.

Zunächst zur Kleidung und deren Schutz beim Essen. Die Mittagspause gehört zum Arbeitsalltag. Deshalb sollten Sie sehr wohl darauf achten, welche Kleidungsvariante bei Tisch in Ihrem Unternehmen üblich ist. Ist es vielleicht für den Mann opportun, zum Essen die Krawatte und das Jackett im Büro zu lassen? Dann tun Sie das bitte auch! Wenn nicht, dann belassen Sie es bitte beim strengeren Dresscode!

 Die Kleidungsgewohnheiten der oberen Hierarchien sind dabei nur bedingt Vorbild. Merke: »Wenn zwei das Gleiche tun, ist es noch lange nicht dasselbe!« So kann es sein, dass die Geschäftsleitung mit hochgezogenen Ärmeln im Kasino erscheint, von Ihnen aber immer das geschlossene Jackett erwartet wird.

Häufig stellt sich die Frage, wie die Kleidung, die ja noch den gesamten Nachmittag getragen werden muss, am besten beim Essen zu schützen sei. Die Antwort ist einfach: Gebrauchen Sie das Besteck in gebührlicher Art und Weise und nutzen Sie die Serviette. Letztere legen Sie, auch wenn sie nicht aus Stoff ist, auf den Schoß. Bitte nicht in den Kragen stopfen! Das ist Ihren Kleinen im Kindergarten vorbehalten.

 Stellen Sie sich die Frage, warum ich an dieser Stelle überhaupt diese Themen erwähne? Stellen Sie sich nur vor, dass Sie sich bald innerhalb des Unternehmens auf eine andere Position bewerben wollen. Die Entscheidungsträgerin sitzt mittags häufig in Ihrer Nähe in der Kantine. Wie Sie essen, kann Einfluss darauf haben, ob Sie den Job bekommen: Gute Tischmanieren lassen auf sorgfältiges Arbeiten schließen, korrekte Kleidung lässt Sie als Firmenrepräsentant als geeignet erscheinen. Das muss zwar so nicht sein, kann aber! Nutzen Sie diese Chance, einen guten Eindruck von sich zu vermitteln!

Um auch nach dem Essen eine unbeschmutzte Krawatte tragen zu können, gibt es drei Möglichkeiten:

✔ Sie essen besonders vorsichtig.

✔ Sie lassen die Krawatte im Büro (siehe oben).

✔ Sie geben dem Trend zur Zweitkrawatte nach und deponieren für den Fall des Falles einen Ersatzbinder an Ihrem Schreibtisch.

Zwei Dinge sollten Sie keinesfalls tun: Die Krawatte über die Schulter werfen oder die Krawatte in Ihrem Hemd verstecken. Da können Sie deutlich überzeugender wirken!

Worüber Sie reden können

Zunächst sollten Sie bedenken, dass die Pause dazu dient, sich zu ernähren und vor allem für die zweite Tageshälfte zu regenerieren. Daher bietet es sich an, wenn ich kurz darauf eingehe, worüber Sie bei Tisch sprechen sollten und worüber nicht.

Lassen Sie geschäftliche Themen an Ihrem Schreibtisch. Das tut Ihnen gut und Ihrer Begleitung nicht minder. Einzige Ausnahme: Es handelt sich um ein explizites Arbeitsessen!

Der Drang, über Nichtanwesende zu sprechen, ist manchmal schier unüberwindlich. Daran ist auch noch nichts auszusetzen, solange der Inhalt eher neutraler Natur ist. Vermeiden Sie alles, was gemeinhin unter der Kategorie »Lästern« zusammengefasst werden könnte. Sie selbst würden das auch nicht wollen. Deshalb erübrigt sich fast der Hinweis, dass Lästern nun gar nichts mit Wertschätzung zu tun hat.

 Und es kann noch schlimmer werden. Denn von der Lästerei bis zum Mobbing ist es in der Wahrnehmung nicht nur des Opfers nicht weit! Um gar nicht in den Verdacht zu kommen, suchen Sie bitte andere Themen!

Stattdessen reden Sie lieber über sich, Ihre Familie, Ihre Hobbys oder fragen Ihr Gegenüber nach diesen oder ähnlichen Themen. Auch die anhaltende Kälteperiode kann ein Gespräch in Gang halten.

Sie fühlen sich an »Small Talk« erinnert? Sie haben natürlich recht! Mehr zu dieser interessanten Form der guten Unterhaltung in Kapitel 3.

Grüßen und Bekanntmachen

Sie erinnern sich noch an die Regel aus Kapitel 1: »Rang vor Alter vor Geschlecht«? Halten Sie dieses Wissen für diesen Abschnitt bitte immer bereit.

Doch zunächst der einfache Fall, dass Sie auf dem Flur Ihres Unternehmens einer anderen Person begegnen. Hier gilt sehr schlicht:

»Wer zuerst sieht, grüßt zuerst!«

Das sollte unabhängig von Hierarchien, Geschlecht und Alter so sein. Doch Vorsicht! Seien Sie nicht allzu entsetzt, wenn der Finanzvorstand hier etwas anderes für sich in Anspruch nimmt. Gönnen Sie ihm oder ihr den Genuss, gegrüßt zu werden, auch wenn es nicht richtig ist!

Ein klein wenig anders verhält es sich bei dem schon ausführlich beschriebenen Handschlag. Hier geht die Initiative immer vom Ranghöheren aus. Und Sie wissen: Ist hier kein Unterschied vorhanden, gilt das (Dienst-)Alter und dann das Geschlecht als Kriterium, wer wem zuerst die Hand reichen darf.

Treffen Sie auf eine Gruppe von Personen, so richten Sie einen allgemeinen Gruß in die Anwesenden. Wollen oder sollen Sie sich hinzugesellen, dann gehen Sie nun auf den Ranghöchsten (den Dienstältesten oder der einzigen Frau) zu, der Ihnen fast immer die Hand entgegenstrecken wird.

Danach gehen Sie topografisch vor: Sie schreiten erst nach links voran und dann nach rechts oder umgekehrt. Dabei sind Rang, Alter und Geschlecht nicht mehr relevant. Diese Unterscheidung dient nur dem Ausfindigmachen des ersten Anlaufpunktes.

 Diese Vorgehensweise gilt nicht nur in Ihrem eigenen Unternehmen. Wenden Sie sie bitte auch an, wenn Sie auf eine Abordnung Ihres Kunden treffen oder sich im gesellschaftlichen Umfeld befinden!

Die ranghöchste Person hat immer das Recht darauf, alle relevanten Informationen zuerst zu erhalten. Das gilt auch und insbesondere dann, wenn er auf nicht bekannte Personen trifft. Das klingt sehr technisch. Letztlich geht es um das korrekte Bekanntmachen. Hier hilft ein Beispiel.

Beispiel für elegantes und korrektes Bekanntmachen

Sie laufen mit Ihrer Kollegin Dr. Lisa Schwind über den Innenhof und treffen zufällig den Bereichsvorstand Personal, Herrn Ulrich Tiber. Sie sind mit ihm bekannt, wissen jedoch, dass Ihre Kollegin noch nie mit ihm zusammengetroffen ist. Sie sagen: »Guten Tag, Herr Tiber. Darf ich Sie bekannt machen mit Frau Dr. Lisa Schwind? Frau Dr. Schwind leitet das Team Inlandscontrolling in unserem Bereich. Lisa, das ist Herr Ulrich Tiber. Er verantwortet den Vorstandsbereich Personal.«

Damit schließt dieses Kapitel, zumindest fast. Sie werden im kommenden Kapitel *Vom Umgang mit König Kunde* einige Überschneidungen entdecken können. Das ist gewollt.

Doch bevor es so weit ist, gestatten Sie mir einen kurzen Ausflug in den Bereich der Konfliktbewältigung.

Professioneller Umgang mit Konflikten

Gerade im beruflichen Umfeld kommt es häufig zu Konflikten. Hier souverän aufzutreten und zum Wohl des Unternehmens Lösungen zu erzeugen, unterscheidet den Könner vom Kenner.

»Hart in der Sache, weich zum Menschen!« Handeln Sie nach diesem Grundsatz, dann kann Ihnen zumindest niemand nachsagen, Sie hätten auf wertschätzenden Umgang keinen Wert gelegt.

Natürlich gibt es verschiedene Möglichkeiten, einen Konflikt zu bearbeiten. Ich stelle Ihnen fünf Varianten vor.

Stile der Konfliktbewältigung

Bei der Beilegung von Differenzen sollten Sie sich im Wesentlichen zwei Fragen stellen:

1. Inwieweit orientieren Sie sich an den Vorstellungen Ihres Kontrahenten?

2. Wie sehr orientieren Sie sich an Ihren eigenen Vorstellungen?

Grafisch kann man nun die daraus resultierenden Möglichkeiten wie in Abbildung 2.2 darstellen:

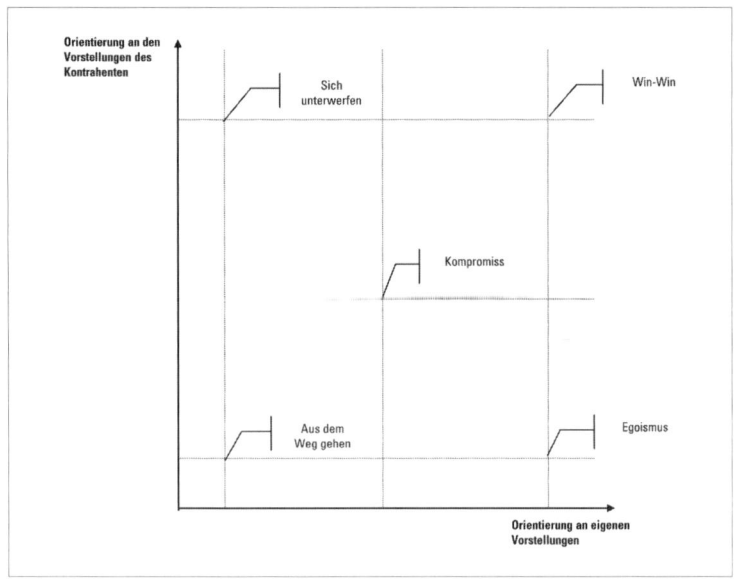

Abbildung 2.2: Stile der Konfliktbewältigung

Dem Konflikt aus dem Weg gehen

Existiert hier überhaupt ein Konflikt? Sicherlich, aber offensichtlich legen die beiden Beteiligten keinen Wert darauf, diesen auch auszutragen. Beide Seiten wollen keine Energie aufbringen, um die jeweils eigene Vorstellung durchzusetzen.

Das klingt bequem, jedoch hat diese Vorgehensweise oft nur aufschiebende Wirkung. Denn eine Auseinandersetzung ist latent immer möglich. Schlimmstenfalls wird dieser nicht ausgetragene Konflikt sogar zum Inhalt während einer völlig anderen Diskussion.

Mit anderen Worten: Es kann bei diesem Stil sein, dass kleine Konflikte so lange aufsummiert werden, bis es zu einem »großen Knall« kommt, bei dem alles auf den Tisch gelegt wird. Ob das zielführend ist, mag ich gemeinsam mit Ihnen bezweifeln!

Sich unterwerfen

Lässt ein Kontrahent generell seine Ansichten zurücktreten, wird einer möglichen Streitigkeit auch aus dem Weg gegangen. Jedoch immer nur zu Lasten einer und zum Vorteil einer anderen Person.

Wenn Sie diesen Stil präferieren, dann orientieren Sie sich immer an den Wünschen des anderen. Konstruktive Diskussionen und Meinungsvielfalt fallen hier völlig unter den Tisch.

Das mag vielleicht bequem sein, ist aber einerseits Ausgangspunkt dafür, ausgenutzt zu werden. Andererseits ist es im beruflichen Umfeld für das Unternehmen auch schädlich. Gewinnbringende Ideen resultieren häufig aus heftigen, kontroversen Diskussionen.

Außerdem: Sollten Sie zu einem anderen Zeitpunkt sich mal durchsetzen wollen, wird man diesen Versuch vielleicht nicht ernst nehmen, wenn man Sie ansonsten immer in devoter Stellung vorgefunden hat!

 Gerade aus Mitarbeitersicht ist es oftmals schwer, sich gegenüber einem Vorgesetzten behaupten zu wollen. Doch geben Sie sich nicht dem Trugschluss hin, dass dem Ja-Sager die Karriere leicht gemacht wird! Häufig ist genau das Gegenteil der Fall!

Egoismus

Richtig, jetzt ist das Gegenteil zum vorigen Abschnitt gemeint. Ohne Rücksicht auf Verluste, insbesondere ohne Rücksicht auf die Vorstellungen Ihres Gegenübers, setzen Sie Ihre Interessen durch. Herzlichen Glückwunsch zu Ihrer Durchsetzungsstärke!

Doch wie sieht es mit Ihrer Außenwirkung aus: aggressiv, selbstverliebt, rücksichtslos! Das sind alles keine sympathischen oder karrierefördernden Attribute. Deshalb: Setzen Sie diesen Stil wohlüberlegt und gut dosiert ein!

 Liebe Führungskräfte! Bitte nutzen Sie nicht Ihre hierarchische Position dafür aus, um Ihre eigenen Meinungen immer und immer gegen die Ihrer Mitarbeiter durchzusetzen. Damit werden Sie mittel- und langfristig jegliche Kreativität in Ihrem Team zunichtemachen.

Der Kompromiss

Ich beginne diesen Abschnitt mit einem allseits bekannten Beispiel:

Tarifverhandlungen sind Kompromisse

Gewerkschaften und Arbeitgeberverbände sind klassische Verfechter dieses Stils. Beide gehen in Tarifverhandlungen mit knallharten Forderungen. Beide versprechen sich gegenseitig heiße Auseinandersetzungen. Am Ende steht immer ein Kompromiss, den beide Seiten mit Katzenjammer und Jubel ihrer jeweiligen Klientel verkaufen.

Das ist ein »fauler Kompromiss«! Wie kann man es deutlicher ausdrücken? Oft wird der Kompromiss als allein seligmachende Möglichkeit zur Konfliktbewältigung gepriesen. Zu Recht?

Beide Seiten geben nach, beide Seiten gehen aufeinander zu. Letztlich einigt man sich irgendwo in der Mitte. Ob die errungene Lösung tatsächlich gut ist, darf bezweifelt werden. Die große Gefahr besteht immer darin, dass es vielleicht besser gewesen wäre, wenn sich eine der beiden Konfliktparteien hätte vollständig durchsetzen können.

Die Win-win-Situation

Das ist für alle Beteiligten schwer, oft aber auch die interessanteste und gewinnbringendste Vorgehensweise.

Die Streithähne versuchen gemeinsam, etwas Neues zu erreichen, das vielleicht gar nichts mit den ursprünglichen Positionen zu tun hatte. Sie gehen nicht wie beim Kompromiss aufeinander zu. Stattdessen reflektieren sie, woraus die Uneinigkeit resultiert. Sie bringen zur Sprache, welche Ziele wirklich verfolgt werden.

Mit diesem Stil haben Sie die reale Chance, etwas völlig Neues zu schaffen, das über die Ausgangsvorstellungen sogar hinausgehen kann. Beide Seiten können sich hernach als wirkliche Sieger fühlen.

Sollten Sie jetzt versucht sein, immer und überall eine Win-win-Situation erzeugen zu wollen, so muss ich Sie an die Realität erinnern. Dieser Stil bedingt, dass beide Seiten das Ziel Win-win verfolgen. Ist das nicht der Fall, können auch Ihre fantastischen kommunikativen Fähigkeiten da vielleicht nicht weiterhelfen.

Jeder Stil hat seine Berechtigung. Seien Sie sich Ihrer Möglichkeiten einfach in den verschiedenen Situationen bewusst. Setzen Sie sich durch, wo es notwendig ist. Geben Sie nach, wenn Sie Ihre Energie anderweitig brauchen. Akzeptieren Sie einen gesichtswahrenden Kompromiss. Entscheidend ist aus meiner Sicht: Gehen Sie dem Konflikt nicht aus dem Weg!

Der Sinai-Konflikt und seine Lösung

Als historisches Beispiel kann die Räumung der Sinai-Halbinsel durch die israelische Armee angeführt werden. Ägyptens Ehre war wieder hergestellt, Israels Sicherheitsbedürfnis durch die vertraglich fixierte Entmilitarisierung befriedigt.

Was war nun neuartig? Aus diesem vermeintlichen Kompromiss erwuchs zu einem späteren Zeitpunkt der erste Friedensvertrag zwischen Israel und einer arabischen Nation.

Mit fünf Sätzen erfolgreich argumentieren

Die so genannte »5-Satz-Technik« ermöglicht Ihnen, wertschätzend, zielführend und erfolgreich eine Kontroverse zu bestehen. Die erforderlichen fünf Schritte sind:

1. Positive Fokussierung der Aufmerksamkeit auf den Gegensprecher

2. Förderung von Akzeptanz und Vertrauen

3. Verankerung des eigenen Arguments im kognitiven System des Gegenübers

4. Objektive Nutzenüberlegung

5. Gesichtswahrende Fortsetzung des Gesprächs

Ihnen klingt das zu technisch, zu theoretisch? Nun gut, dann lesen Sie diese beispielhaften Formulierungen und denken Sie sich einen beliebigen Sachinhalt dazu:

1. »Da sprechen Sie einen sehr wichtigen Punkt an!«

2. »Und ich kann gut nachvollziehen, wenn Sie sagen, dass ...«

3. »Gleichwohl bin ich anderer Ansicht, nämlich ...«

4. »Und bei der Abwägung aller Argumente zeigt sich, dass ...«

5. »Wollen wir uns daher nun den weiterführenden Ideen widmen?«

Entscheidend ist, dass Sie die Meinungen und Argumente des anderen wirklich ernst nehmen und darauf eingehen. Gleichzeitig sollten Sie nicht vergessen, Ihre Position eindeutig zu vertreten. Nach einer zumindest scheinbar objektiven Abwägung der Argumente gelangen Sie zu der Erkenntnis, dass Sie wie geplant fortfahren wollen. Spannenderweise geschieht das häufig sogar mit dem Einverständnis des Gegenübers.

Damit endet Kapitel 2. Es folgt nun der Blick über das eigene Unternehmen hinaus: Es geht zum Kunden!

Vom Umgang mit König Kunde

3

In diesem Kapitel

▷ Welche Bedürfnisse Kunden haben

▷ Ihre Repräsentationspflichten

▷ Wie Sie Kunden korrekt empfangen und begleiten

▷ Wie Visitenkarten stilvoll zum Einsatz kommen

▷ Small Talk: Last oder Lust?

»Der Kunde ist König«, versehen Sie bitte diesen Satz mit einem Ausrufezeichen, nicht mit einem Fragezeichen! Auch wenn vielfach die »Servicewüste« beschrieben wird, heißt das nicht, dass Sie diesem (Vor-)Urteil entsprechen müssen.

Natürlich tun Sie das auch nicht, sondern setzen den Kunden Ihres Unternehmens in den Mittelpunkt Ihres Handelns. Das geschieht selbstredend zum Vorteil des Kunden, aber auch zum Vorteil Ihres Arbeitgebers.

Um Kunden besser zu verstehen, bietet es sich an, zu verstehen, welche Bedürfnisse sie haben. Achtung Überraschung: Die Kundenbedürfnisse unterscheiden sich in ihrer Grundausgestaltung in keinster Weise von denen aller Menschen! Daher lohnt sich ein intensiverer Blick darauf.

Wenn wir das abgehandelt haben, wenden wir uns Ihren Pflichten als Repräsentant des Unternehmens zu. Was heißt eigentlich konkret »Repräsentation«? Denken Sie bitte nicht nur an den europäischen Hochadel!

Sie wünschen Praxisbezug? Dann lassen Sie sich darauf ein, den Weg des Kunden zu, seinen Aufenthalt bei und seinen Abschied von Ihnen einer genauen Überprüfung zu unterziehen. Sie können nach der Lektüre bei Ihren Kunden nur gewinnen. Und das nicht ausschließlich deshalb, weil Sie um die Hintergründe der »Business Card« wissen.

Wenn Sie das vorige Kapitel noch vor Augen haben, dann werden Sie sich an umfangreiche Ausführungen zur Kommunikation erinnern. Hier wird es noch einmal praktisch: Lernen Sie den Small Talk als sinnhaftes Instrument für ein professionelles Auftreten beim Kunden kennen. Sie werden feststellen: Die lästige Pflicht kann Spaß bereiten!

Was Ihr Kunde wirklich braucht

Doch lassen Sie mich zunächst mit den Grundbedürfnissen eines jeden Kunden, eines jeden Menschen beginnen. Grundlage für die nachfolgenden Ausführungen sind Feststellungen des amerikanischen Wissenschaftlers Abraham Maslow. Sollten Sie nicht so sehr an psychologischen Hintergründen interessiert sein, bitte ich schon einmal um Verzeihung. Doch ich bin fest überzeugt, dass Ihnen diese Kenntnisse im stilsicheren Umgang mit Ihren Kunden einen klaren Wettbewerbsvorteil verschaffen werden.

 Sollten Sie im Gegenteil noch viel mehr über Menschen oder die Psychologie im Allgemeinen erfahren wollen, dann empfehle ich Ihnen einen tieferen Blick in die Literatur. Zum Beispiel *Psychologie für Dummies*.

Maslow, ein humanistischer Psychologe, untersuchte menschliche Bedürfnisse und ordnete sie in eine Bedürfnishierarchie ein. Bei der bildlichen Darstellung bediente er sich einer geometrischen Form: der Pyramide, die Sie in Abbildung 3.1 sehen.

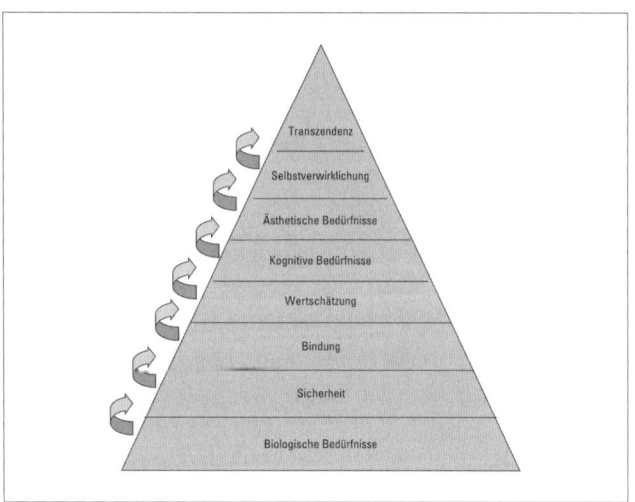

Abbildung 3.1: Bedürfnishierarchie nach A. Maslow

Maslows Grundaussagen

Der Aufbau der Pyramide ist streng hierarchisch zu sehen. Die Bedürfnisse stellen eine Folge von eher primitiv bis fortgeschritten dar. Zunächst müssen die Bedürfnisse einer tieferen Ebene befriedigt sein, bevor auf die darüber liegende Ebene gewechselt werden kann.

Das klingt Ihnen jetzt vielleicht zu theoretisch, doch bei einem genaueren Blick auf die einzelnen Ebenen können wahrscheinlich auch Sie sich der Logik nicht entziehen.

 Bitte seien Sie dennoch mit der Auslegung der Pyramide nicht zu streng! Wie Sie gleich noch ausführlicher lesen werden, gehört zum Beispiel die Befriedigung von Hunger und Durst zu den biologischen Bedürfnissen. Doch haben Sie nicht auch schon mal auf ein Getränk verzichtet, um einem interessanten Vortrag zu lauschen, der Ihr kognitives Bedürfnis nach Wissen erfüllt hat?

Biologische Bedürfnisse

Das sind wohl die einleuchtendsten Bedürfnisse, die die Menschheit schon seit Urzeiten antreiben. Der Mensch benötigt für sein Leben Nahrung, Wasser und Luft – genauer Sauerstoff – zum Atmen. Darin unterscheiden wir uns nicht von anderen Säugetieren.

Zusätzlich existiert ein natürlicher Trieb nach Fortpflanzung und damit Erhaltung der Art.

Auch Erholung oder Entspannung sind grundlegende Bedürfnisse, die uns antreiben.

Was das mit Ihren Kunden zu tun hat? Schaffen Sie eine entspannte Atmosphäre, bieten Sie Ihrem Gast etwas zu trinken an! Und das bestenfalls zu Beginn eines Gesprächstermins. Denn damit haben Sie die ersten Bedürfnisse Ihres Gegenübers bereits befriedigt.

Sicherheit

Frei von Angst zu sein, ist sicherlich für jeden von uns erstrebenswert. Ruhe und Behaglichkeit mögen dazugehören. Machen wir es kurz: Wir streben nach Sicherheit, bevor wir uns anderen Dingen zuwenden können.

Und auch das können Sie auf Ihre Begegnung mit Ihrem Kunden übertragen. Schaffen Sie ein Umfeld, in dem sich Ihr Kunde absolut sicher fühlen kann. Das kann zum Beispiel dadurch geschehen, dass Sie ihm bei seinem ersten Besuch in Ihrer Firma einen Einblick in die Räumlichkeiten geben. Lassen Sie Ihren Kunden während des Besuchs bestenfalls nicht alleine, bedenken Sie auch bei der Wahl seines Sitzplatzes am Besprechungstisch den Drang nach Angstfreiheit – dazu später mehr!

 Manchmal kann es sich anbieten, einen Kunden nicht bei sich zu empfangen, sondern ihn – oder sie – zu Hause zu besuchen. Der Kunde hat dann sein gewohntes Umfeld. Er ist Herr im Hause und fühlt sich sicher. Das führt zumindest auf seiner Seite zu einem gewissen Maß an Entspannung. Bei Ihnen ist das vielleicht nicht der Fall, jedoch denken Sie an die einleitenden Worte in diesem Kapitel: »Der Kunde ist König.«

Bindung

Damit ist die soziale (An-)Bindung gemeint. Menschen sind Herdentiere. Sie möchten »dazugehören«. Fast jeder von uns ist bestrebt, geliebt zu werden, aber auch selbst zu lieben.

Das klingt zunächst esoterisch, ist aber durchaus praktisch. Geben Sie Ihrem Kunden das Gefühl, dass er zum Beispiel mit seinen Ansichten nicht alleine ist. Er ist Teil einer größeren Gemeinschaft.

Machen Sie ihn mit Ihren Kollegen, Ihrem Chef bekannt. Das hat natürlich auch viel mit Wertschätzung und Höflichkeit zu tun, sicherlich aber auch mit dem Einbringen in ein (neues) soziales Umfeld.

 Sollten Sie eine Kundenveranstaltung planen und Teile Ihrer Klientel dazu einladen, dann sollten Sie sich bei der Zusammensetzung der Gästeliste einige Gedanken dazu machen, inwieweit die Eingeladenen zueinander passen. Gibt es natürliche Anknüpfungspunkte, gemeinsame Interessen oder Ähnliches? Kein Gast sollte das Gefühl haben, bei Ihrem Event »alleine« zu sein!

Wertschätzung

Diesen Begriff haben Sie nun schon häufiger gelesen, nicht zuletzt vor einigen Zeilen. Dennoch lohnt sich hier der Blick hinter die Maslow'schen Kulissen.

Wertschätzung benötigen wir von zwei Seiten: einmal von uns selbst – so genannte Selbstwertschätzung. Auf der anderen Seite wollen wir von anderen anerkannt werden. Dabei soll unsere Persönlichkeit, unser Wissen, unser Auftreten die Wertschätzung durch andere erfahren.

Im wahrsten Sinne des Wortes wollen wir etwas wert sein und das auch gespiegelt bekommen. Wie können Sie das bei Ihrem Kunden erreichen?

Sie erinnern sich daran, dass Knigge schon sagte, der Mensch wolle nicht belehrt werden? Natürlich wird es häufig vorkommen, dass Ihre Fachkompetenz in dem spezifischen Thema das des Kunden weit übersteigt. Doch müssen Sie ihn das spüren lassen?

Vielmehr ist es doch schön, wenn Sie Ihrem Geschäftspartner – ein aus meiner Sicht durchaus adäquates Synonym für »Kunde« – eigene Kompetenz zugestehen. Fragen Sie ihn nach seiner Einschätzung zu bestimmten Themen und gehen Sie in einen Dialog darüber ein. Monologe sind belehrend, damit nicht wertschätzend. Dialoge auf Augenhöhe sollten Ihr Ziel sein!

 Nehmen Sie das bitte ernsthaft auf. Denn gespielte Anerkennung Ihres Geschäftspartners hat mit ehrlicher Wertschätzung nicht das Mindeste zu tun. Beispiel gefällig? Einen Versicherungsmakler beobachtete ich im Kundengespräch immer wieder dabei, dass er Kunden für bereits bestehende Altersvorsorgeverträge lobte, nur um im gleichen Atemzug auf die noch vorhandenen Lücken zu verweisen. Verkäuferisch sicher brillant, jedoch nicht ehrlich, nicht wertschätzend. Stattdessen hätte es besser gewirkt, wenn er etwas länger bei diesen Verträgen verweilt hätte, um damit wahres Interesse zu dokumentieren. Im Ergebnis wäre er trotzdem noch dazu gekommen, bestehende Risiken aufzeigen zu können.

Kognitive Bedürfnisse

Jeder von uns ist mehr oder weniger bestrebt, sein Wissen zu erweitern, Neues zu erfahren und das eigene Verstehen zu verbessern. Sicherlich ist die Ausprägung dieses Bedürfnisses von Mensch zu Mensch unterschiedlich. Doch bitte vergessen Sie auch nicht, dass wir uns schon langsam der Pyramidenspitze nähern.

Deshalb: Bieten Sie Ihrem Kunden doch etwas Neues, etwas Außergewöhnliches. Überraschen Sie ihn mit neuesten Studien oder Analysen. Damit heben Sie sich nicht nur fachlich von Ihren Mitbewerbern ab, sondern kommen diesem Bedürfnis auch nach.

Ästhetische Bedürfnisse

Wenn die Fachkompetenz erhellend gewirkt hat und Ihr Kunde seinen Wissenshunger stillen konnte, kommt ein ästhetischer Aspekt hinzu.

Maslow spricht hier von dem Bedürfnis nach Schönheit und Ordnung. Übersetzen können Sie das auch in Richtung formaler Perfektion. Wenn Sie beispielsweise eine Präsentation erstellen, dann sollten Sie nicht nur auf den Inhalt, sondern auch auf die Form achten. Und das bitte so bis ins Detail, dass aus Ihren Folien regelrecht ein in sich stimmiges Kunstwerk entsteht.

Damit sind nicht, und zwar ausdrücklich nicht, irgendwelche Animationen gemeint. Viel eher geht es um die mit wenigen Mitteln erreichbare Präzision. Zum Beispiel sollten sich die Schriftarten auf den verschiedenen Seiten nicht unterscheiden, Überschriften immer gleichartig sein, Grafiken grundsätzlich mit einer Umrandung und Bildunterschrift versehen sein.

Selbstverwirklichung

Dieser Begriff wird in unserer modernen Gesellschaft schon fast inflationär gebraucht. Leider wird er auch als Entschuldigung für viele eher rücksichtslose Verhaltensweisen missbraucht. Immer dann, wenn Egoismus, der zu Lasten eines anderen Menschen geht, kaschiert werden soll, spricht man gerne von der Notwendigkeit,»sich selbst verwirklichen zu wollen«.

Dennoch lohnt sich hier der genauere Blick. Gerade Menschen, die beruflich und familiär viel erreicht haben, kommen häufig an einen Punkt, an dem sie feststellen, dass ihr wahres Potenzial noch nicht ausgeschöpft ist. Sie wollen weiter aktiv sein, zum Beispiel in Ehrenämtern, in der Kunst oder dergleichen.

Selbstverwirklichung braucht eine Bühne. Ihrem Kunden können Sie eine geben! Organisieren Sie doch zum Beispiel eine kleine Vernissage, bei der einer Ihrer Kunden für einen kleinen erlauchten Kreis seine selbst gemalten Bilder ausstellen und kommentieren kann. Sie werden feststellen, es kommt ihm nicht auf den Verkauf an, sondern nur auf die Möglichkeit, seine Kreativität öffentlich ausleben zu können.

 Banken bieten für ihre gehobene Kundschaft oft ein Stiftungsmanagement an. Kunden, die das Bedürfnis nach Selbstverwirklichung haben, sind hierfür besonders empfänglich, können sie doch damit ihrem wahren, sinnvollen Ziel näherkommen.

Transzendenz

Zugegeben, diese höchste Stufe der Maslow'schen Pyramide ist ein wenig abgehoben. Eine Person, die alle vorgenannten Bedürfnisse als befriedigt erlebt, kann noch spirituelle Bedürfnisse haben. Manchmal wird diese Stufe auch so umschrieben, dass der Mensch hier danach strebt, mit dem Kosmos im Einklang zu sein.

Ich gebe unumwunden zu, dass ich auch nach einiger Zeit intensiven Nachdenkens keine nachvollziehbare Übersetzung für Ihren Umgang mit Kunden gefunden habe.

Liegt das etwas daran, dass ich diese Bedürfnisstufe noch nicht erklommen habe?

Maslow im Alltag

Vielleicht stellen Sie sich die Frage, wie Sie diese durchaus komplexe Pyramide in Ihrem beruflichen Alltag effizient nutzen können. Ist es immer sinnvoll, Ihren Geschäftspartnern Angebote für alle acht Stufen zu machen? Das müssten Sie theoretisch tun.

Denn seien wir ehrlich: Können Sie für Ihre gesamte Klientel eindeutig sagen, auf welchem Pyramidenabsatz sich die jeweilige Person befindet? Ich wage die Aussage: Nein!

Dennoch können Sie sich an Maslow orientieren, indem Sie sich auf drei Kernbedürfnisse beschränken. Das ist nicht ein Vorschlag von mir zur Reduktion der Komplexität. Vielmehr werden Sie auch in der Fachliteratur derart fündig werden, dass die Maslow-Pyramide lediglich mit drei Stufen abgebildet wird.

Für die Benennung wechsele ich bewusst in die englischen Bezeichnungen:

1. **Existence Needs:** das Drängen zur Befriedigung aller Grundbedürfnisse. Hier wird dann neben dem Essen und Trinken auch der Wunsch nach Sicherheit integriert.

2. **Relatedness Needs:** der Wunsch nach sozialer Integration, nach sozialer Anerkennung. Oder anders ausgedrückt: Der Mensch will Teil der ihn umgebenden Gesellschaft sein, dort Anschluss finden.

3. **Growth Needs:** Selbstverwirklichung. Sie stellen in dem vereinfachten Modell die höchste Stufe dar.

Wenn Sie also Kunden im beruflichen Umfeld oder auch Gäste im privaten Umfeld empfangen, ist zu empfehlen, zumindest über die drei Bedürfnisse intensiver nachzudenken. Bereiten Sie entsprechend Angebote vor, schaffen Sie das geeignete Umfeld und Sie können mit erhöhter Wahrscheinlichkeit davon ausgehen, dass sich Ihr Kunde wohlfühlt.

Wenn Sie im Vertrieb tätig sind, sollten Sie jetzt den Ablauf Ihrer Beratungs- und Verkaufsgespräche einer Überprüfung unterziehen. Decken Sie in den unterschiedlichen Phasen des Gesprächs die genannten drei Bedürfnisse ab? Zum Beispiel sollte in der Aufwärmphase durchaus ein Getränk bereitstehen.

Achtung: Ihr Kunde naht

Nachdem Sie also erfahren haben, welche Bedürfnisse Ihren Kunden antreiben können, wenden wir uns ganz alltäglichen Situationen und Ihrem pragmatischen Umgang damit zu. Stellen Sie sich dazu bitte vor, dass Sie sich mit einem Ihrer Kunden auf einen Gesprächstermin einigen konnten.

Von diesem ersten Kontakt im Vorfeld bis hin zur Verabschiedung des Kunden nach dem Treffen werden Sie nun aus der Perspektive der Business-Etikette begleitet.

Die Terminvereinbarung

Bevor es überhaupt zu einem Kontakt kommen kann, ist es notwendig, dass Sie einen Termin mit Ihrem Kunden vereinbaren. Das kann auf verschiedene Arten geschehen. Doch schauen wir zunächst etwas genauer auf die Begrifflichkeit »Termin«.

Definition »Termin«

Was ist eigentlich ein Termin? Sie halten diese Frage für trivial? Das freut nicht nur mich, sondern auch Ihren Kunden.

Von einem Termin können Sie sprechen, wenn Sie sich mit Ihrem Kunden

✔ an einem bestimmten Tag

✔ zu einer vereinbarten Uhrzeit

✔ zu einem beiden Seiten bekannten Thema

✔ gegebenenfalls für eine definierte Zeitdauer

✔ an einem festgelegten Ort

verabreden.

Alles andere kann wie auch immer bezeichnet werden, nur nicht als Termin. In dieser Definition finden Sie schon einige kundenorientierte Elemente, die insbesondere vor dem Hintergrund der Maslow'schen Bedürfnishierarchie gesehen werden können.

So erfüllen die Angaben zu genauem Zeitpunkt und Ort des Treffens sicherlich den Anspruch nach Sicherheit. Das beiden bekannte Thema erlaubt es Ihrem Kunden, sich vorzubereiten und während Ihres Treffens Kompetenz zu zeigen.

Einen Termin vereinbaren

Das erscheint die leichteste Übung. Sie können mit Ihrem Kunden schriftlich, telefonisch oder persönlich einen Termin vereinbaren. Achten Sie bitte darauf, dass Sie den Anforderungen der Definition entsprechen.

Am häufigsten werden Sie oder Ihr Kunde wohl zum Telefonhörer greifen, um ein Treffen abzustimmen. Das hat Vorteile. Denn Sie können beide Ihre (elektronischen) Kalender zu Rate ziehen, um sich auch wirklich die entsprechende Zeit einzutragen oder auch Alternativen zu diskutieren. Zudem können Sie schon im Vorfeld einige Angelegenheiten besprechen.

Eine andere Option ist die persönliche Terminvereinbarung in dem Moment, da Sie Ihrem Kunden gegenüberstehen oder gegenübersitzen. Das kann sein

✔ bei einem zufälligen Treffen (»auf der Straße«)

✔ bei einem beruflich motivierten Anlass, zum Beispiel bei einer Messe

✔ bei einem Ersttermin, an dem der Zweittermin festgesetzt wird

Die Vorteile der telefonischen Absprache gelten auch hier. Eventuell kann es sein, dass einer von Ihnen seinen Kalender nicht zur Hand hat und deshalb im Nachgang den Termin noch einmal bestätigen muss.

 Sind Sie in einer betreuungsintensiven Branche tätig – zum Beispiel in der Finanzdienstleistung –, dann sollten Sie mit Ihren Kunden Beratungsrhythmen vereinbaren. So können Sie vielleicht ein vierteljährliches Treffen anbieten. Hier ist es sogar möglich, dass Sie so verbindlich vorgehen, dass Sie am Ende eines Treffens schon den Zeitpunkt des nächsten Meetings fixieren. Damit bleibt Ihr Kalender stets gut und qualitativ gefüllt.

Die letzte Möglichkeit – die schriftliche Terminvereinbarung – umfasst in der multimedialen Welt nicht mehr den Austausch von Briefen zur Findung eines Zeitfensters. Das wäre viel zu langwierig und umständlich.

Nein, ich ziele eher auf die elektronischen Medien ab. Per SMS, E-Mail oder eine schlichte Outlook-Besprechungsanfrage können Sie modern, effizient und effektiv Termine anfragen oder vereinbaren. Bedenken Sie jedoch immer den etwas unpersönlichen, manchmal in der Wirkung sogar unhöflichen Charakter dieser Vorgehensweise.

 Verbinden Sie doch Telefon und schriftliche Anfrage! Wenn Sie am Telefon noch nicht definitiv sagen können, wann ein Termin in Ihren Kalender passen könnte, dann kündigen Sie die schriftliche Anfrage einfach an.

Wir sind ja gerade beim Umgang mit Kunden. Deshalb ist gerade bei der schriftlichen Anfrage Vorsicht geboten. Vermeiden Sie es bitte, den Eindruck zu erwecken, dass ein Gesprächstermin von Ihrem engen Kalender abhängig ist. Deshalb sollten Sie immer Ihr Gegenüber fragen, wann es seine Zeit erlaubt, sich mit Ihnen zu treffen. Das gelingt in der persönlichen oder telefonischen Ansprache deutlich einfacher als per SMS!

Den Termin bestätigen

Bei aller Absprache: Es sollte Ihnen eine Selbstverständlichkeit werden, vereinbarte Termine Ihrem Kunden schriftlich zu bestätigen. Nicht etwa, weil Sie seinem oder Ihrem Gedächtnis diese Merkfähigkeit nicht mehr zutrauen.

Viel mehr hat ein Schriftstück zum einen einen noch verbindlicheren Charakter. Zum anderen ist eine Erinnerung einige Tage vor dem Meeting sicherlich nicht verkehrt. Und es kommt noch ein dritter Punkt hinzu, der auch wieder Maslow Freude bereiten würde: Sie befriedigen Sicherheitsbedürfnis und das kognitive Bedürfnis, vielleicht sogar das Verlangen nach Ästhetik. Wie das?

Überlegen Sie sich kurz, was Sie in einer Terminbestätigung schreiben würden oder besser: Was erwartet Ihr Kunde von einem solchen Schreiben? Ich bin überzeugt, Sie werden ebenfalls die nachfolgende Liste im Kopf haben:

✔ Datum des Treffens mit genauer Uhrzeit

✔ Ort der Zusammenkunft (gegebenenfalls mit einer Wegbeschreibung in der Anlage)

✔ erster Ansprechpartner vor Ort (zum Beispiel Empfangsbereich)

✔ falls Ihr Kunde Sie noch nicht wirklich kennt: Ihre Funktion und Position im Unternehmen

✔ das Thema des Treffens

✔ eventuell benötigte Unterlagen

✔ voraussichtliche Dauer des Gesprächs

Mit diesen Punkten sollten Sie Ihrem Kunden ein gutes Gefühl verschafft haben. Er ist sicher, kann sich rational vorbereiten. Und Ihr Briefpapier entspricht vielleicht sogar seinem Sinn für Ästhetik.

Nun wird es Zeit, dass wir uns Ihrem Wohlbefinden nähern. Die Frage ist gerechtfertigt, was Sie nach der Terminvereinbarung tun können, um sich optimal auf den Besuch einzustellen.

 Doch zuvor noch ein Tipp, der auch als Warnung verstanden werden kann. Wenn Sie einen Termin vereinbart haben und die Zeit in Ihrem Kalender dafür reservieren, sollten Sie möglichst vor und nach der angesprochenen Zeit Puffer einbauen! Rechnen Sie immer damit, dass Termine länger dauern als gedacht. Sie brauchen aber zwischen zwei Kunden Zeit, sich neu einzustellen. Und auch für Ihren Kunden ist es sicherlich nicht erhebend, wenn er auf Sie warten muss, weil Sie sich noch in einem anderen Gespräch befinden. Also: Pragmatismus für Sie, Wertschätzung für Ihren Kunden.

Ihre Vorbereitung auf den Kunden

Der Termin mit Ihrem Kunden steht also fest. Jetzt können Sie in Ruhe auf den Tag des Treffens warten. In Ruhe? Bitte nicht, denn es gibt doch noch einiges zu tun.

Sie haben Ihrem Kunden die Möglichkeit gegeben, sich auf Ihre Zusammenkunft vorzubereiten. Tun Sie das bitte auch!

Ihr Kunde weiß, wo er ankommen soll, auf wen er als Erstes in Ihrem Unternehmen treffen wird. Das ist gut. Besser wird es, wenn Sie im Empfangsbereich rechtzeitig – zum Beispiel einen Tag vorher – den Besuch ankündigen. Geben Sie dem Pförtner oder der Empfangsdame Namen, Vornamen und Titel des Gastes bekannt. Ergänzend nennen Sie bitte die genaue verabredete Uhrzeit.

Der Empfang hat nun die Möglichkeit, sich auf den Besuch vorzubereiten und den Kunden korrekt mit Titel und Namen anzusprechen. Ein wenig überzeugendes »Sie wünschen?« bleibt somit hoffentlich da, wo es hingehört: in der Mottenkiste der verstaubten Fragen!

Damit sind Sie selbst natürlich noch nicht vorbereitet. Deshalb stellen Sie sich zunächst die Frage: Kennen Sie den Kunden?

Falls ja, dann erinnern Sie sich bitte an Ihr letztes Treffen:

✔ Welches Getränk bevorzugt Ihr Kunde?

✔ Über welche Themen spricht er – abseits des Geschäfts – gerne?

✔ Hat er Ihnen gesagt, was er – beruflich oder privat – in der Zeit zwischen Ihren beiden Zusammenkünften unternehmen wollte?

✔ Hat er eventuell irgendetwas gesagt, woraus Sie den Rückschluss ziehen könnten, dass ihn beim letzten Treffen etwas gestört hat?

✔ Oder hat er vielleicht im Gegenteil eine bestimmte Begebenheit besonders positiv hervorgehoben?

Geben Sie sich bitte hierauf die entsprechenden Antworten und bereiten Sie sich und das Umfeld des Treffens entsprechend vor. Sie werden feststellen: Ihr Kunde wird es positiv aufnehmen, wenn Sie ihm statt des ordinären Kaffees einen Espresso anbieten!

Kennen Sie Ihren Kunden nicht, wird die Vorbereitung schwieriger. Zum Glück bedeutet »schwierig« nicht sofort »unmöglich«!

Fragen Sie im Kreis Ihrer Kollegen und Mitarbeiter nach wertvollen Hinweisen zu seiner Person. Schauen Sie in vorhandene Akten, es existieren vielleicht ein paar Notizen. Ist Ihr Kunde eine Person des öffentlichen Lebens, lohnt sich ein Blick in diverse Medien – bitte aber nicht in die Boulevardpresse.

 Hat Ihr Kunde eine Sekretärin oder einen Assistenten? Dann lassen Sie Ihren Charme spielen und fragen dort nach Vor- und Misslieben Ihres Gastes. Sie werden dabei die genauesten und damit für Ihre Vorbereitung wertvollsten Informationen erhalten.

Dass Sie fachlich gute Vorarbeit geleistet haben, sich auf den aktuellsten Stand gebracht haben und gegebenenfalls hilfreiche Unterlagen zusammengestellt haben, versteht sich von selbst. Vielleicht überlegen Sie sich auch eine Gesprächsstruktur, formulieren Fragen vor und diskutieren Ihre Vorgehensweise mit Ihrem Kollegen. Das alles kann nur dazu beitragen, dass Sie auf Ihren Kunden einen professionellen Eindruck machen. Was kann Ihnen Besseres passieren?

Und noch ein finaler Tipp:

 Lassen Sie sich bei jedem Termin mit einem Kunden von dem Gedanken leiten, dass Sie Ihrem Kunden ein »Erlebnis« bieten wollen! Dann schleicht sich keine für den Gast fühlbare Routine ein, sondern er empfindet das Treffen als individuell und Sie als zuvorkommend und gleichzeitig authentisch!

Den Kunden empfangen und begleiten

Nun ist es endlich so weit: Ihr Kunde wird gleich bei Ihnen sein. Es sind nur noch wenige Minuten bis zum Treffen. Sie sitzen entspannt und konzentriert in Ihrem Büro und gehen noch einmal Ihre Vorbereitung und die notwendigen Unterlagen durch. Werfen Sie bitte noch einen Blick in das natürlich im Vorfeld reservierte Besprechungszimmer:

✔ Ist für die richtige Personenzahl eingedeckt?

✔ Entspricht die Raumluft Ihren Vorstellungen und denen des oder der Kunden?

✔ Sind die notwendigen technischen Geräte – zum Beispiel ein Beamer – vorhanden?

✔ Sind die Getränke bereits im Raum?

Wenn Sie schon im Raum sind und die Eindeckung kontrollieren, dann sollten Sie sich noch einmal Maslow ins Gedächtnis rufen und überlegen, inwieweit die Sitzordnung den Bedürfnissen Ihres Kunden entspricht.

 Sicherheit und Wertschätzung spielen jetzt eine große Rolle: Ihr Kunde sollte nicht mit dem Rücken zur Tür sitzen. Von dort droht potenzielle Gefahr! Außerdem sollte er nicht in die Sonne blicken müssen und damit zum Augenkneifen gezwungen sein. Optimal ist es, dem Gast einen Überblick über den Raum anzubieten mit dem Fenster im Rücken. Er kann Sie nun am besten sehen und erhält auch als Erster die zumindest optische Information, wer gegebenenfalls den Raum noch betritt.

 Die gewählte Tischform kann den Gesprächsverlauf beeinflussen. Das haben Sie schon im vorigen Kapitel unter dem Thema »Mitarbeitergespräch« gelesen. Wählen Sie bitte keine konfrontative Gegenüber-Sitz-Position! An einem rechteckigen Tisch sollten Sie definitiv über Eck sitzen. Noch besser eignen sich runde Tische. Sie wollen doch ein Winwin-Ergebnis erzielen, oder?

Nach dieser Überprüfung schlendern Sie zurück in Ihr Büro. Nun können und sollten Sie Ihre Kleidung überprüfen: Sitzt das Kostüm perfekt, ist der Kragen Ihrer Bluse heruntergeklappt? Ziehen Sie bitte das Jackett an und schließen Sie die Knöpfe – die Herren beim Einreiher bitte nie den untersten! Werfen Sie einen argwöhnischen Blick auf Ihre Schuhe. Ist das matte Schwarz eine Frage des Materials oder eher dem Gang über den Schotterparkplatz an der Park-and-ride-Station geschuldet?

Der formvollendete Empfang

Alles nach Ihrer Zufriedenheit? Dann kann es losgehen. Wählen Sie nun noch aus zwei Alternativen aus:

1. Warten Sie auf die Information des Pförtners, dass Ihr Kunde eingetroffen ist – schließlich hatten Sie das ja vorbereitet.

2. Beobachten Sie – falls möglich – den Eingangsbereich oder den Parkplatz und gehen dem Kunden ohne Aufforderung entgegen.

Beide Varianten sind gut. Und doch kann der Teufel im Detail stecken.

»Der Kunde ist König!« Das zeigen Sie, indem Sie ihm so weit wie möglich entgegengehen. Je länger der von Ihnen zurückgelegte Weg ist, umso größer ist die symbolische Wertschätzung, die Sie ihm entgegenbringen. Somit muss die Begrüßung spätestens im Empfangsbereich stattfinden!

 Lassen Sie Ihren Kunden erstens nicht ungebührlich lange auf Sie warten! Lassen Sie Ihren Kunden nicht vom Personal zu Ihnen bringen! In beiden Fällen würden Sie sich über den Kunden erheben. Sollte es dennoch einmal nötig sein, dass der Pförtner den Gast durchs Haus begleiten muss, dann tragen Sie zumindest dafür Sorge, dass Sie ihm auf seinem Weg zu Ihnen entgegenkommen!

Wundern Sie sich, dass ich häufig »Gast« als Synonym für »Kunde« gebrauche? Das sollten Sie nicht! Kunde und Gast sind beide in ihrem Verhältnis zu Ihnen von »königlichem Geblüt«.

 Zwar geht es in diesem Buch um die »Business-Etikette«. Doch Sie können nahezu alles auch auf Ihr privates Umfeld übertragen. Insbesondere natürlich dieses Kapitel!

Nach all der Vorrede stehen Sie nun vor Ihrem Kunden. Endlich! Es folgt die unweigerliche Begrüßung. Sie haben gelernt:»Rang vor Alter vor Geschlecht«! Damit müsste die Initiative zum Handreichen von Ihrem Kunden – der hat die höchste »Hierarchiestufe« – ausgehen. Doch hier gilt anderes: Als Gastgeber haben Sie die Verpflichtung und das Recht zur Begrüßung. Mit Handschlag!

Natürlich nutzen Sie die förmliche Art:»Guten Tag, Herr Dr. Lieberhier!« Sind Sie noch nicht miteinander bekannt, so stellen Sie sich vor:»Ich bin Gerd Genau und verantworte den Bereich Stiftungen.« Perfekt, das Eis ist gebrochen. Nun können Sie Ihren Kunden zum Besprechungszimmer geleiten und schon einmal ein wenig Small Talk üben. Darüber an späterer Stelle mehr.

Sondersituation beim Empfangen: Mehrere Gäste

Relativ übersichtlich ist die Situation, wenn Sie als einziger Repräsentant Ihres Hauses auf einen einzigen Kunden treffen. Doch wie verhält es sich, wenn Sie mehrere Vertreter des Geschäftspartners in Empfang nehmen?

Im Empfangsbereich Ihrer Firma wartet nicht nur Dr. Rolf Realiter auf Sie, sondern noch einige seiner Mitarbeiter, die Sie ebenfalls mit Namen und Funktion kennen. Egal wo Herr Dr. Realiter steht, Sie gehen als Erstes auf ihn zu und begrüßen ihn. Danach gehen Sie bitte pragmatisch vor, indem Sie zunächst alle anderen Gäste rechts von ihm begrüßen, dann alle links von ihm. Die topografische Reihenfolge können Sie selbstverständlich auch umkehren: erst links, dann rechts. Das Motto »Rang vor Alter vor Geschlecht« hilft Ihnen in diesem und allen ähnlichen Fällen immer dabei, Ihren ersten Anlaufpunkt zu ermitteln. Und dieser Punkt ist generell die hierarchisch höchste Person.

Sollte es vorkommen, dass Sie Ihre Geschäftspartner das erste Mal sehen und somit nicht wissen, wem Sie als Erstes die Ehre erweisen sollen, dann hilft diese Vorgehensweise: Gehen Sie mit leicht erhobenen Händen auf die Gruppe zu und begrüßen Sie sie mit einem schlichten »Guten Tag, herzlich willkommen bei Sausebraus Automotive!« Sie werden feststellen, dass Ihre erhobenen Hände von zumindest einer Person – interessanterweise meistens der ranghöchsten Person – als Einladung zum Händedruck verstanden werden. Haben Sie die erste Hand geschüttelt und sich einander bekannt gemacht, gehen Sie wie oben beschrieben weiter vor.

Vom Empfang zum Besprechungszimmer

Der Kunde ist begrüßt, die ersten Worte sind gewechselt. Jetzt machen Sie sich auf den Weg durch das Gebäude zum Besprechungszimmer.

 An dieser Stelle erinnern Sie sich bitte an die Regel »links schützt rechts«. Sie ist der Grundsatz für alle nun folgenden Überlegungen. Denn: Sie haben Ihren Kunden oder Gast vor allen möglichen Gefahren zumindest symbolisch zu schützen, auch wenn Sie keinen Degen mehr tragen. Prinzipiell gilt also, dass Sie sich links vom Kunden halten.

Doch schauen Sie sich bitte auch einige spezielle Situationen an, in denen der Grundsatz modern interpretiert werden muss.

Durch die Werkhalle

Stellen Sie sich vor, Sie verbinden den Besuch Ihres Kunden mit einer kleinen Führung. Dabei wollen Sie ihm (auch ihr) natürlich die neuen Maschinen in der Werkhalle zeigen.

Nun ist es an Ihnen zu entscheiden, von welcher Seite Ihrem Begleiter Gefahr drohen könnte. Tendenziell ist das immer von dort der Fall, wo die Maschinen stehen. Stellen Sie sich mal konkret eine große Holzsäge vor. Das bedeutet: Sie laufen links, wenn auf der linken Seite das Gerät platziert ist. Sie laufen rechts im umgekehrten Fall.

 Und was, wenn auf beiden Seiten Maschinen stehen? Diese Frage dürfte Ihnen sofort durch den Kopf gegangen sein. Dann machen Sie es sich wiederum pragmatisch einfach und folgen der reinen Lehre: Bleiben Sie an der linken Seite!

Der lange, schmale Gang

Nachdem Sie die Werkhalle durch eine Tür, die Sie selbstverständlich dem Gast aufhalten, verlassen haben, betreten Sie einen schmalen Gang, der die Halle mit dem Verwaltungsgebäude verbindet.

Hinter der Tür übernehmen Sie die Führung. Denn: Sie kennen den Weg und gehen deshalb voran. Zudem könnten Sie ja Seitentüren öffnen, aus denen Gefahr – bitte diesen Begriff nicht auf die berühmte Goldwaage legen – drohen könnte.

 Vielleicht hilft Ihnen bei dieser Vorgehensweise folgender Bezug auf die Anfänge der Menschheit: Versetzen Sie sich bitte in die Eiszeit und stellen Sie sich vor, dass Sie als Jäger mit Ihrer Sippe über einen unübersichtlichen Waldpfad streifen. Natürlich werden Sie mit den anderen Jägern die anderen Stammesmitglieder vor den Angriffen von Raubtieren bewahren, indem Sie sowohl die Flanken als auch den Anfang und das Ende des Trecks schützen. Als guter Fährtenleser gehen Sie natürlich an der Spitze des Zuges!

Treppauf, treppab

Der Gang ist ohne Angriff unbeschadet gegangen worden. Nun folgen zwei Treppen: Die erste führt aufwärts, die zweite – nach einem weiteren schmalen Gang – abwärts. Beide Treppen sind verhältnismäßig schmal, also weit entfernt von einer Freitreppe. Was nun?

In beiden Situationen sind Sie wieder Beschützer. Das bedeutet, dass Sie trepp-auf immer hinter Ihrem Kunden gehen, um ihn im wörtlichen Fall des Falles auffangen zu können. Und das ist unabhängig von Körperstatur und Geschlecht!

Das heißt im Extremen, dass eine fünfzigjährige Bankberaterin mit zierlichem Körperbau hinter ihrem dreißigjährigen Kunden, der Deutscher Meister der Gewichtheber im Superschwergewicht ist, die Treppe erklimmt. Dass sie keine Chance hat, ihn beim Fall aufzuhalten, ist nicht von Belang!

Um dem Aufschrei vorzubeugen: Ja, ein Mann darf – und muss!! – hinter einer Frau die Treppe hinaufgehen. So kurz kann kein Rock, so steil kann keine Treppe sein, dass es hier zu kompromittierenden Szenen kommen sollte.

 Gerade ältere, konservativ erzogene Personen können dieser moder-nen Fassung der Etikette-Regeln nicht immer Positives abgewinnen. So werden Sie beobachten, dass zum Beispiel ältere Herren niemals hinter einer jungen Dame die Treppe hinaufgehen würden. Hier gilt: Zeigen Sie Toleranz, nicht Wissen!

Am oberen Treppenabsatz angekommen, wird nun der Gast kurz stehen bleiben, um Ihnen wieder den Vortritt zu lassen. Sie wissen ja: die Säbelzahntiger!

Sich vorzustellen, wie die Reihenfolge treppab sein wird, wird Ihnen nicht schwerfallen. Aus der gleichen Begründung heraus wie zuvor gehen Sie natür-lich voran.

 Merken Sie bei Ihrem Kunden Unsicherheit darüber, wer in welcher Reihenfolge den Weg gehen soll, dann helfen Sie ihm mit Ihrer Kör-persprache – zum Beispiel einer einladenden Geste, bevor Sie die Treppe hinaufgehen – oder auch verbal: »Sie gestatten, dass ich voran-gehe!?«

Der Aufzug

Sie bevorzugen Aufzüge statt Treppen? Kein Problem!

Ein Aufzug gilt grundsätzlich als sicheres Terrain. Deshalb müssen Sie nieman-den schützen, wenn er oder sie ihn betritt. Das bedeutet, dass der Kunde voran-geht.

Umgekehrt verhält es sich beim Verlassen des Lifts. Was sich hinter der sich öff-nenden Tür befinden wird, kann die Fantasie beflügeln. Deshalb übernehmen Sie wieder, vielleicht auch nur kurzfristig, die Führung.

Endlich am Ort des Geschehens

Sie haben es geschafft: Die Tür zum Besprechungszimmer ist erreicht. Jetzt nur nicht noch auf den letzten Zentimetern einen Etikettefehler begehen!

Sie öffnen die Tür und lassen Ihrem Kunden den Vortritt. Er wird den Raum betreten und ähnlich dem Treppenabsatz direkt dahinter stehen bleiben. Denn nun sind Sie wieder am Zug.

Geben Sie Ihrem Kunden die Orientierung, die er braucht – nicht nur, wenn er »Maslow« heißt! Geleiten Sie ihn zu dem für ihn vorgesehenen Platz. Fragen Sie nach seinem Getränkewunsch, aber den kennen Sie ja bereits: »Einen Kaffee mit Milch ohne Zucker?«

Sie setzen sich erst, wenn Ihr Gast Platz genommen hat!

Sondersituation beim Bekanntmachen: Mehrere Gastgeber

Es wird sicherlich auch vorkommen, dass Sie gemeinsam mit Kollegen das Kundengespräch führen. Das Bekanntmachen ist dann eine weitere Herausforderung. Betrachten Sie das folgende Beispiel:

Sie erwarten Herrn Ludwig Lustlos. Bei dem Gespräch werden neben Ihnen zugegen sein: Herr Albert Aufstieg, Ihr vorgesetzter Bereichsleiter, sowie Frau Dr. Inge Igeli, Fachexpertin für Marketing in Ihrem Team. Als höchstrangige Person hat Ihr Kunde immer das Recht, als Erstes alle notwendigen Informationen – in diesem Fall über die weiteren Gesprächsteilnehmer – zu erhalten. Also sagen Sie: »Guten Tag, Herr Lustlos! Es freut mich sehr, Sie wiederzusehen.« Jetzt folgt der Händedruck. Dann: »Ich darf Sie bekannt machen mit Herrn Albert Aufstieg. Er verantwortet den Bereich B2B, in dem auch mein Team angesiedelt ist. Herr Aufstieg, dies ist Herr Ludwig Lustlos.« Die Herren schütteln die Hände. Und schließlich: »Und Frau Dr. Inge Igeli ist die Expertin für Marketing in meinem Team!« Und noch ein Schüttler. Jetzt weiß jeder, mit wem er es zu tun. Dass Sie eleganterweise noch mögliche Themen für einen Small Talk in die Bekanntmachung einstreuen, werden wir später noch sehen.

Die Visitenkarte

Und jetzt kann, wenn Sie galant aus dem Small Talk den Business Talk eingeleitet haben, der geschäftliche Part beginnen. Dazu übergeben Sie natürlich als Erstes Ihre Visitenkarte. Stören Sie sich nicht daran, dass Ihr Kunde vielleicht keine zur Hand hat. Als Dienstleister müssen Sie immer eine dabeihaben, als Kunde nicht. Doch zur Visitenkarte später mehr.

Den Mantel abnehmen

Oh je, wir haben den Mantel Ihres Gastes vergessen! Bieten Sie beim Ablegen Hilfe an, aber reißen Sie bitte nicht das Kleidungsstück an sich. Das gehört sich nicht! Achten Sie stattdessen auf die non-verbale Reaktion auf Ihre Frage:»Darf ich Ihnen beim Ablegen behilflich sein?« Wendet Ihr Kunde – männlich wie weiblich – Ihnen nun den Rücken zu, dürfen Sie schon jetzt Hand anlegen. Andernfalls wird Ihr Kunde selbst aus Jacke oder Mantel steigen und Ihnen die Kleidung nur noch überreichen. Beim Anlegen des Mantels verhält es sich dann entsprechend.

Der Rückweg

Ich breche für einen kurzen Moment die Chronologie und spare das Gespräch mit dem Kunden bewusst aus, um das Thema »Begleiten« abschließen zu können.

Sie haben das Gespräch erfolgreich geführt. Alle angekündigten Themen wurden behandelt. Sie haben einen Abschluss erzielt oder einen Folgetermin vereinbart. Herzlichen Glückwunsch!

Oder ist gar nichts nach Ihren Vorstellungen verlaufen? Sie hatten die falsche Vorbereitung erstellt, Ihr Kunde wollte sich lediglich beschweren, alle Argumentations- und Kommunikationstechniken haben keine Wirkung gezeigt? Schade!

Doch egal, was während des Gesprächs passiert ist: »Der erste Eindruck zählt, der letzte Eindruck bleibt!« Seien Sie bitte beim Hinausbegleiten Ihres Gastes genauso stilvoll wie beim Empfangen. Es gelten absolut die gleichen Regeln, bleiben Sie deshalb konzentriert bei der Sache.

Und: Sie begleiten den Kunden hinaus! Rufen Sie niemals eine Sekretärin oder einen Praktikanten dafür zu Hilfe!

 Je weiter Sie Ihren Kunden begleiten, umso größer ist die Wertschätzung, die Sie ihm damit symbolisch erbringen. Daher verabschieden Sie sich frühestens an der letzten Ausgangstür. Was hindert Sie eigentlich daran, ihn bis zu seinem Wagen zu begleiten?

Während des Termins

Natürlich sind Sie während des Gesprächs mit Ihrem Kunden voll auf die Sache konzentriert. Das ist auch gut so. Dennoch gelten die Regeln des guten Benehmens auch in dieser Phase weiter.

Deshalb ein paar Tipps an dieser Stelle:

✔ Nehmen Sie sich bitte keine Marscherleichterung hinsichtlich der Kleidung heraus! Egal, was Ihr Kunde tut: Das Sakko bleibt auf den Schultern, beim Herrn die Krawatte um den Hals und der oberste Kragenknopf geschlossen.

✔ Sollte Ihr Gast während des Gesprächs den Raum verlassen, erheben Sie sich mit ihm und auch, wenn er wieder zurückkehrt. Ganz elegant sind Sie als Herr, wenn Sie dabei jeweils zumindest andeutungsweise das Sakko schließen und beim Setzen wieder öffnen. Ausnahme: Sie tragen einen Zweireiher, der bleibt im Stehen und Sitzen geschlossen.

✔ Achten Sie bitte stets auf vorhandene Getränke. Gerade bei längeren Sitzungen lassen Sie Ihre Kundschaft bitte nicht »austrocknen«!

✔ Ihre Hände sollten sichtbar bleiben! Daher bitte locker auf dem Tisch platzieren, niemals verdeckt unter dem Tisch auf dem Schoß. Das Sicherheitsbedürfnis in uns stellt sofort die Frage nach einer eventuell vorhandenen Waffe.

Selbstverständlichkeiten für Sie? Sehr gut, dann nur noch ein kleines Unterkapitel bis zum Small Talk!

Spontaner Kundenbesuch

Irgendwie klingt »spontaner Kundenbesuch« erbaulicher als »Laufkundschaft«. Jedoch meint beides das Gleiche. Gerade in der Bankenbranche kommt es – für die Berater zum Glück – auch zu ungeplanten Aufeinandertreffen mit dem Kunden. Auf solche Begegnungen können Sie sich inhaltlich gar nicht, formal nur bedingt vorbereiten. Drei Empfehlungen für Ihren Alltag:

1. Sorgen Sie immer für einen ausreichenden Vorrat an kalten und heißen Getränken gibt. Das wirkt auch für den Überraschungsbesucher einladend.

2. Halten Sie Ihren Schreibtisch weitestgehend aufgeräumt. Gerade Unterlagen anderer Kunden sollten nicht offen einsehbar herumliegen. Im Zweifel halten Sie eine Schreibtischschublade völlig frei. Dort kann im hektischen Fall alles verschwinden, was sich noch Sekunden zuvor auf Ihrem Tisch befunden hat.

3. Wenn Sie in einer Branche arbeiten, in der es regelmäßig Laufkundschaft gibt, trennen Sie sich nie von Ihrem Jackett. Denn ein Kunde wird immer mit geschlossenem Sakko begrüßt, und versuchen Sie das mal, wenn es an der Garderobe hängt! Diese Empfehlung gilt übrigens unabhängig von der herrschenden Temperatur! Stil wird halt weder in Fahrenheit noch in Grad Celsius gemessen.

 Auch wenn Sie jetzt an Ihrem Arbeitsplatz einen Blick in die Runde schweifen lassen und feststellen, dass niemand so handelt: Tun Sie es! Und lassen Sie sich in diesem Fall nicht von Ihrer Linie abbringen, denn Ihr Kunde legt Wert auf diese Dinge!

Die Visitenkarte

Wie etwas weiter oben versprochen, wenden wir uns noch einmal der Visitenkarte zu. Diesem kleinen Stück Papier kommt gerade im beruflichen Kontext einige Bedeutung zu.

Von der Visitenkarte zur Business Card

Im deutschen Sprachraum ist nach wie vor die Bezeichnung »Visitenkarte« aktuell, sind Sie englisch unterwegs, spricht man von »Business Card«.

Früher wurde die Visitenkarte im gesellschaftlichen Umfeld benutzt. Bei einem Privatbesuch überreichte der Gast der Hausdienerschaft – normalerweise dem Butler – seine Karte. Mit dieser Karte auf einem typischerweise silbernen Tablett (Wertschätzung!) ging der Butler zu den Herrschaften, um den Besuch anzukündigen. Die Karte diente dann zur Vorabidentifikation und -information. War es den Hausherrn genehm, konnte der Besucher – daher »Visiten«karte – dann zum Empfang geleitet werden.

Im Laufe der Jahrzehnte ging dieser ursprüngliche Gebrauch zurück und wurde ersetzt durch die mittlerweile unersetzliche Benutzung im Geschäftsleben.

Denn bereits wenn Sie die Visitenkarte übergeben – im Job immer zu Beginn eines geschäftlichen Gesprächs – gibt es einiges zu beachten.

Im privaten Umfeld gilt es als unfein, wenn Sie immer wieder versuchen, Ihre Karte an den Mann oder die Frau zu bringen. Vielmehr geben Sie Ihre Visitenkarte nur auf Nachfrage heraus. Das heißt, Sie müssen ein so interessanter Gesprächspartner sein, dass Ihr Gegenüber die Diskussion gerne an anderer Stelle zu einer anderen Zeit mit Ihnen fortsetzen möchte. Um Kontakt mit Ihnen aufnehmen zu können, benötigt er Ihre Daten.

Doch zunächst ein Ausflug in die Geschichte zu den Ursprüngen der Visitenkarte.

Was auf eine Visitenkarte (nicht) gehört

Ihre Visitenkarte soll darüber informieren, wer Sie sind. Auf die Gestaltung haben Sie als Selbstständiger viel Einfluss, als Angestellter eher gar nicht. Denn im letzteren Fall wird die so genannte »Corporate Identity« das entsprechende »Corporate Design« mit Firmenlogo etc. vorschreiben. Dennoch sollten Sie auf die Kernelemente der Visitenkarte achten:

✔ Vorname und Name (eventuell unter Zusatz des akademischen Titels)

✔ Position und/oder Funktion im Unternehmen

✔ Telefonnummer (Festnetz und Mobiltelefon)

✔ Faxnummer

✔ Mail-Adresse

✔ Büroanschrift

Mehr Informationen sind nicht vonnöten. Die Öffnungszeiten Ihrer Versicherungsagentur, lustige Aufforderungen zum Besuch der Internetseite und Ähnliches sind mehr als nur überflüssig.

Achten Sie bitte bei der Form Ihrer Visitenkarte darauf, dass sie in jedes gängige Kartenetui passt. Quadratische oder überdimensionierte Formate fallen zwar ins Auge, erweisen sich aber später als maximal unhandlich!

Der Umgang mit der Karte

Sprichwörtlich handelt es sich hier um »Ihre Visitenkarte«, deshalb gehen Sie bitte pfleglich mit ihr um!

Auch wenn Sie diese Bemerkungen als überflüssig empfinden, ich muss sie anbringen:

✔ Karten mit »Eselsohren« oder sonstigen Knicken gehören aussortiert.

✔ Vermeiden Sie Flecken jeglicher Art.

✔ Ältere Karten können ihre Farbtöne ändern, vergilben. Tauschen Sie rechtzeitig mit frisch gedruckten Karten aus.

✔ Benutzen Sie bestenfalls ein Kartenetui zum Schutz Ihrer Karten. Und ein zweites für von Ihnen akquirierte Visitenkarten.

 Etuis aus hochglänzendem Metall sind schön anzusehen, bergen aber auch eine Gefahr: Ihre gut sichtbaren Fingerabdrücke! Die lassen sich auch bei größter Vorsicht nicht vermeiden. Nutzen Sie stattdessen mattiertes Metall oder weichen Sie gleich aus auf edle Lederwaren.

Karten geben und nehmen

Kennen Sie diese Situation? Alle Geschäftspartner haben sich an den Besprechungstisch gesetzt und nun werden wechselseitig die Visitenkarten wie beim Skat auf den Tisch vor den jeweiligen Empfänger gelegt. Das hat mit Wertschätzung nichts zu tun!

Die wichtigste Regel bei der Übergabe einer Business Card: Die Karte wandert von der Hand des Absenders direkt in die Hand des Empfängers.

 Und was war mit dem Silbertablett früher? Auch hier galt im Prinzip die genannte Regel. Das Tablett war nur der Tatsache geschuldet, dass Besucher und Hausherr beim ersten Kontakt nicht einander gegenüberstanden. Und keinem Mitglied des Hauspersonals wäre es eingefallen, die Karte eines Gastes des Hauses in die Hand zu nehmen!

Überreichen Sie bitte Ihre Karte immer so, dass Ihr Geschäftspartner sie mit einem Blick lesen kann. Da Sie sich zum Beispiel ja nicht mit Ihrem Doktortitel vorstellen, hat Ihr Gegenüber nun die Möglichkeit, diesen oder andere Titel zu lesen und bei der nächsten Anrede korrekterweise zu nutzen.

Schauen wir uns nun noch kurz den umgekehrten Fall an: Sie erhalten eine Karte. In diesem Fall zeigen Sie Ihre Wertschätzung, indem Sie

✔ die Karte in die Hand nehmen

✔ sich der Karte einige Sekunden widmen und sie lesen

✔ die Karte vor sich auf den Tisch legen oder an sich nehmen – zum Beispiel in das für Kundenkarten vorgesehene Etui legen

✔ die Karte unter keinen Umständen in einer Hosentasche verschwinden lassen

 Sie sitzen mit mehreren, Ihnen teilweise noch nicht namentlich vertrauten Personen an einem Tisch? In dieser Situation dürfen Sie gerne die erhaltenen Visitenkarten entsprechend der Sitzordnung vor sich auf dem Tisch anordnen.

Small Talk – Last oder Lust?

»Reden ist Silber, Schweigen ist Gold!« Wenn Sie dieses Sprichwort zu Ihrer Maxime erhoben haben, sollten Sie die nächsten Seiten vielleicht überschlagen. Doch halt! Vielleicht gerade deshalb nicht! Denn Sie sollten sie beherrschen, die Kunst der kleinen Unterhaltung: den Small Talk!

Wie einfach fällt es uns, über geschäftliche Belange zu parlieren. Selbst die komplexeste Maschinenbeschreibung kommt uns fließend über die Lippen. Unsere Fachkenntnisse schütten wir – gefragt oder ungefragt – gerne viel und häufig über arglose Kunden aus.

Doch es wird nahezu gespenstisch still, wenn wir nicht vom Geschäft sprechen sollen. Wenn wir Alltagsthemen diskutieren sollen, um eine angenehme Atmosphäre zu schaffen, in der sich unser Gegenüber wohlfühlen kann. Eine Atmosphäre, die dazu führen kann, dass der anschließende Business Talk viel gewinnbringender verläuft, als wir es uns jemals vorstellen konnten.

Der Small Talk wird oftmals in seiner Wirkung unterschätzt, von dem ein oder anderen gar als »oberflächliches Geschwätz« verachtet. Doch ist es eine Kunst, ihn perfekt zu beherrschen.

Small Talk zu definieren fällt schwer. Bestenfalls können Sie ihn umschreiben als spontanes, lockeres, wenn Sie wollen oberflächliches Alltagsgespräch über eher private Themenbereiche.

Auch an der Dauer des Gesprächs können Sie den Small Talk erkennen. Er sollte nicht mehr als zehn bis fünfzehn Minuten dauern. Alles, was darüber hinausgeht, sollte dann in die geschäftliche Unterhaltung übergegangen sein.

 Mehr zum Thema Small Talk finden Sie übrigens in *Grundlagen des Small Talk für Dummies*.

Sichere und unsichere Themen für den Small Talk

»Schönes Wetter, finden Sie nicht?« Dieser Satz ist Ihnen sicherlich schon häufiger begegnet. Vielleicht haben Sie ihn lediglich gehört, im Zweifel so oder in ähnlicher Form bereits selbst benutzt. Angesichts der eher geringen Eleganz dieser Worte mag es Sie vielleicht überraschen, dass das Wetter in der Tat ein guter Beginn für einen Small Talk sein kann. Wie bei vielen Dingen im Leben kommt es auch hier nur auf das »Wie« an.

Die kleine Unterhaltung ist spontan, zwanglos, oberflächlich, unverfänglich. Doch sie hat ihren Sinn: Sie soll beim Gesprächspartner Lust auf mehr wecken: Mehr von Ihnen, mehr von Ihrem Unternehmen, mehr von Ihren Dienstleistungen, mehr von Ihren Produkten.

Im Gegensatz zum privaten Small Talk ist es für Sie im geschäftlichen Umfeld von existenzieller Bedeutung, dass Ihr Gegenüber Lust bekommt, das Gespräch zu vertiefen, und zwar bezogen auf Ihr Business.

Worüber darf also gesprochen werden? Schauen Sie sich die folgende Überschriften an:

✔ Wetter

✔ Sport

✔ Familie

✔ Hobbys

✔ Kunst, Kultur, Musik, Literatur

✔ Reisen

✔ Wellness

✔ Aktuelles Zeitgeschehen

Finden Sie nicht auch, dass diese Bereiche dem Anspruch der Unverfänglichkeit genügen? Schauen wir uns das Gegenteil an, nämlich Gebiete, deren »Besprechung« Sie eher vermeiden sollten:

✔ Religion

✔ Ethnische Themen

✔ Geld – das ist im geschäftlichen Umfeld eher Business Talk

✔ Krankheiten

✔ Politik – wenn Sie darüber reden müssen, dann nach dem Small Talk

✔ Sexuelle Neigungen

Zusammengefasst: Alles, was die Werte und Einstellungen des anderen verletzen könnte, sollten Sie keinesfalls ansprechen. Wenn Sie jetzt darauf hinweisen, dass zum Beispiel auch das Thema »Familie« einem ungewollt kinderlos gebliebenen Menschen zu nahe geht, dann haben Sie sicher recht. Doch wie schon eingangs erwähnt: Es kommt auf das »Wie« an. Dazu später etwas mehr.

Ein kurzer Rückblick zur Theorie der Kommunikation. Sie erinnern sich an die »Vier Seiten einer Nachricht« von Friedemann Schulz von Thun? Ich mache Sie besonders aufmerksam auf die Ebene der Selbstoffenbarung.

Geben Sie etwas von sich preis, so öffnen Sie auch den Schutzmantel Ihres Gegenübers. Überlegen Sie sich, was und wie viel Sie von sich erzählen wollen. Das mag die skizzierten Themengebiete einschränken, das ist völlig in Ordnung! Schließlich sollen Sie nur über für Sie Angenehmes sprechen.

 Legen Sie sich ein kleines Repertoire an Themen zurecht. Hieraus können Sie immer ein wenig schöpfen. Richtig professionell im Umgang mit Ihren Kunden werden Sie, wenn Sie sich zum Beispiel in der Kundenakte nach einem Meeting notieren, worüber Sie im Small Talk mit ihm geredet haben. Daraus ergeben sich für das nächste Treffen zwei Möglichkeiten: Erstens, Sie wählen einen anderen Themenbereich aus. Zweitens, Sie greifen bewusst den Small-Talk-Faden vom letzten Mal wieder auf.

Sollten Ihnen die genannten Überschriften für einen sicheren Small Talk nicht genügen, folgen hier noch ein paar detailliertere Ideen:

✔ **Wetter:**

- Das Wetter hier oder an einem anderen Ort
- Was Sie bei diesem Wetter gerne unternehmen
- Die Moderation des Wetters im Fernsehen

✔ **Sport:**

- Sportarten, die Sie aktiv betreiben
- Sportarten, für die Sie sich interessieren
- Große Sportereignisse (Fußball-WM, Olympische Spiele)

✔ **Kunst, Kultur, Musik, Literatur:**

- Die letzte Vernissage im Ort

- Das nächste Konzert, das Sie besuchen wollen

- Die Bestsellerliste

 Am besten eignet sich für den geschäftlich motivierten Small Talk das aktuelle Zeitgeschehen, nachdem das erste Eis gebrochen ist. Dazu bietet es sich an, dass Sie grundsätzlich den überregionalen Teil Ihrer Tageszeitung lesen und vielleicht auch das Feuilleton.

Der Einstieg in den Small Talk

»Wer fragt, führt!« Das stimmt grundsätzlich. Sie können geschickt und zugleich professionell ein Gespräch mit Fragen lenken. Doch die Gefahr, dass sich Ihr Gesprächspartner schon während der seichten Unterhaltung ausgehorcht vorkommt, ist immer vorhanden.

Deshalb: Selbstoffenbarung! Erzählen Sie etwas von sich und ermuntern Sie damit Ihr Gegenüber, es Ihnen gleichzutun. Klassische Fragetechniken sind also nicht empfehlenswert – zumindest nicht für den Small Talk!

 Zugegeben: Sie werden nicht immer Fragen vermeiden können. Das wäre auch zu anstrengend. Doch ein Fragewort sollten Sie für den Small Talk aus Ihrem Vokabular streichen: »Warum?« Damit drängen Sie den anderen direkt in eine rechtfertigende Defensive. Ich muss die Frage nach dem Grad der Wertschätzung bei diesem Vorgehen nicht mehr stellen, oder?

Verwenden Sie also Aussagen statt Fragen. Wenn Sie geschickt vorgehen, bieten Sie Ihrem Gesprächspartner mehrere Möglichkeiten an, das Gespräch seinerseits fortzusetzen. Nehmen wir das einfache Beispiel »Wetter«.

Ziel dieser Herangehensweise ist, dass Sie sich zu zweit – oder auch zu mehreren – auf ein gemeinsames Thema festlegen können. Hier verbleiben Sie dann einige Zeit, bis einer von Ihnen entweder ein anderes Thema anbietet, oder Sie sich schließlich doch noch dem geschäftlichen Grund Ihres Treffens zuwenden.

Gesprächseinstieg über das Wetter

Nachdem Sie Ihren Kunden formvollendet begrüßt haben, können Sie sagen:

»Was für ein herrliches Wetter! Wenn das so bleibt, werde ich am Wochenende mit meiner Familie in den Taunus fahren. Wir haben schon lange nicht mehr unsere Mountainbikes benutzen können.«

Drei Aussagen, keine Frage. Gleichwohl hat Ihr Gegenüber mehrere Anknüpfungspunkte:

Er kann ebenfalls vom Wetter schwärmen. Er erzählt Ihnen davon, was er am kommenden Wochenende unternehmen wird oder am vergangenen Wochenende erlebt hat. Er kann von seiner Familie erzählen oder über Landschaften (auch, aber nicht zwingend über den Taunus). Letztlich kann er noch die Mountainbikes nutzen, um von seinen Hobbys oder favorisierten Sportarten zu berichten.

Jedenfalls wird Ihre Unterhaltung weitergehen können. Schauen Sie mal, ob Ihr Kunde nicht mit seiner Erwiderung seinerseits ein paar weitere Themen ins Gespräch einbringt!

Elegant das Thema wechseln

Ist es Ihnen auch schon mal so ergangen, dass Sie sich bei einem Gesprächsthema unwohl fühlten? Dieses Unwohlsein kann vielerlei Gründe haben. Doch viel entscheidender ist, welche Taktik Sie anwenden können, um die Unterhaltung wieder angenehmer gestalten zu können.

Nutzen Sie eine Drei-Schritt Strategie:

1. Sie streifen kurz das unwohlige Thema.

2. Sie leiten zu Ihrem Thema über.

3. Sie sprechen zwanglos und wie selbstverständlich weiter.

Wenn Sie zum Beispiel nicht über Religion sprechen wollen – Ihr Gegenüber hat das wider besseres Wissen ins Gespräch gebracht –, können Sie wie folgt vorgehen:

»Gerade die katholische Kirche hat uns bewundernswerte Bauwerke geschenkt. Meine Frau hat letztes Wochenende den Dom zu Speyer besichtigt. Apropos: Am nächsten Wochenende – gutes Wetter vorausgesetzt – werden wir in den Taunus fahren, um endlich mal wieder unsere Mountainbikes zum Einsatz zu bringen. Was haben Sie vor?«

Sie stocken? Da war doch eine Frage anstelle einer Aussage im Spiel? Der Zweck heiligt die Mittel, denn wer jetzt erneut die letzte päpstliche Bulle kommentiert, hat Ihren Wink mit dem Zaunpfahl nicht verstanden oder verstehen wollen. Ist das der Fall, bleibt nur noch eins: der Wechsel zum Business Talk!

Die Überleitung zum Business Talk

Die zehn Minuten sind um, es wird Zeit, sich den geschäftlichen Themen zu widmen. Doch wie unterbrechen Sie den Gesprächsfluss, ohne den Eindruck zu erwecken, der Small Talk sei für Sie nur ein lästiges Übel gewesen?

Erneut bietet es sich an, in drei Schritten vorzugehen:

1. Sie blicken auf die kleine Unterhaltung zurück.

2. Sie bieten eine Perspektive in der Zukunft an.

3. Sie kehren zurück ins »Hier und Jetzt« und beginnen anschließend mit dem Business Talk.

Wie geht das nun konkret? Bevor ich in ausschweifende Erklärungen abgleite, biete ich Ihnen lieber folgendes Beispiel an:

»Es ist unglaublich spannend, wenn Sie von Ihrer Segelleidenschaft berichten. Darüber müssen wir unbedingt noch einmal in Ruhe sprechen. Ich weiß nicht, wie es Ihnen geht: Mir fällt es schwer, mich jetzt auf die vorbereiteten Themen einzulassen. Wollen wir dennoch einen Blick in die Unterlagen werfen?«

Zeigen Sie mir den Kunden, der nun auf diese Frage »Nein« antwortet!

Damit beende ich das Kapitel Small Talk, denn: Sie kennen die Themen, über die Sie sprechen können oder besser nicht sprechen sollten. Sie wissen, wie Sie eine Unterhaltung beginnen können. In ein anderes Themengebiet zu wechseln, gelingt Ihnen stilvoll. Und ebenso elegant vermögen Sie die kleine Unterhaltung in den Business Talk überzuleiten.

Mir bleibt, Ihnen viel Freude am Small Talk zu wünschen!

Teil II

Stilsicheres Auftreten in jeder Situation

Geschäftsbriefe, die man nicht verschicken sollte

Briefe mit Duftnote

Origami-Briefe

frivole Briefe

verwirrende Briefe

In diesem Teil ...

Herzlich willkommen im zweiten Teil Ihres *Business-Knigge für Dummies*! Was erwartet Sie in den folgenden drei Kapiteln?

Wir wenden uns spezielleren Themen der Etikette zu. Dabei werden Sie zunächst ein wenig mehr über die Kleidung erfahren. Ein immer wieder gern und ausführlich diskutierter Bereich, ja manchmal sogar ein Anlass zum Konflikt. Welche Dresscodes es gibt und was diese für Sie bedeuten, werden Sie nach der Lektüre sehr genau wissen.

In Kapitel 5 nehmen wir die »Korrespondenz« genauer ins Visier. Vom Geschäftsbrief über die interne Mail-Kommunikation bis hin zum Kondolenzbrief werden wir die verschiedenen Formate erörtern. Hinzu kommen beliebte Themen wie SMS und der korrekte Umgangston am Telefon.

Beschließen werden wir diesen Teil mit einem umfassenden kulinarischen Ausflug. Was müssen Sie beim Geschäftsessen beachten? Wie gut müssen Sie sich mit Wein auskennen und welche Rolle nehmen Sie als Gastgeber ein? Auf all diese und noch viel mehr Fragen werden Sie Antworten finden.

Und jetzt: Viel Spaß beim Weiterlesen!

Kleider machen Leute

In diesem Kapitel

▷ Was richtige Kleidung in Ihrem Unternehmen bedeuten kann

▷ Welche Dresscodes Ihnen nicht nur im Job begegnen können

▷ Die korrekte Kleidung für den Herrn (den Mann)

▷ Die korrekte Kleidung für die Dame (die Frau)

▷ Kleidung bei gesellschaftlichen Anlässen

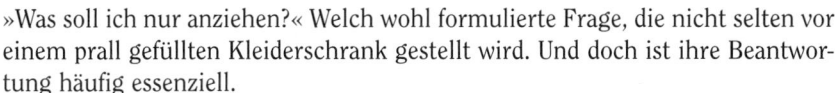

»Was soll ich nur anziehen?« Welch wohl formulierte Frage, die nicht selten vor einem prall gefüllten Kleiderschrank gestellt wird. Und doch ist ihre Beantwortung häufig essenziell.

Ob für einen gelungenen Abend im Theater, beim Vorstellungsgespräch, im Büroalltag, für den perfekten Kundentermin: Die richtige, gerne auch korrekte Kleidung ist kein Anachronismus, sondern immer noch eine erstklassige Möglichkeit für Sie, sich mit geringem Aufwand positiv ins Gedächtnis anderer Menschen zu setzen.

Vielfach werden Sie hören: »Das ist gerade in Mode.« Oder auch: »Das ist in Mailand absolut hipp!« Und immer geht es um wirklich gute Kleidung. Und dazu ist diese Kleidung oft nicht nur kostspielig, sondern sieht auch modisch einwandfrei aus.

Merken Sie sich bitte eins: Mode hat mit einer im Geschäftlichen und Privaten korrekten Kleidung nicht immer etwas zu tun! Im Zweifel gelten Sie sogar als unmodern, wenn Sie die richtigen Stücke aus Ihrem Schrank gezogen haben. Nehmen Sie das dann wissend und mit Gelassenheit zur Kenntnis.

 Und auch das kommt vor: der alles erschlagende Hinweis auf die Individualität, der dazu führt, dass korrekte Kleidung abgelehnt wird. Schließen Sie sich bitte nicht diesen Rufen an! Denn: Kleidungsetikette ist zwar eine Norm, jedoch bietet sie immer einen Rahmen, in dem Sie Ihre Individualität ausspielen können. Und Individualität muss nicht neongrüne Schuhe bedeuten.

Was heißt »richtige Kleidung«?

Und nun muss ich mir für einen kurzen Moment untreu werden und von dem dogmatischen Pfad der reinen Lehre abweichen. Denn zum Außenseiter möchte ich Sie in Ihrem Unternehmen auch nicht werden lassen.

Sie sehen schon an der Überschrift, dass ich bewusst nicht »korrekt« sein werde, wenn ich Ihnen nun anhand dreier Beispiele Empfehlungen für die »richtige« Garderobe gebe.

In der Unternehmensberatung

In einer Unternehmensberatung, die ihren Klienten, Mandanten oder Kunden in komplexen Angelegenheiten zur Seite steht, wird nach wie vor sehr viel Wert auf repräsentative Kleidung gelegt.

Mit Pullover und Jeans können Sie dort maximal zu einem internen Workshop auflaufen. Ansonsten ist der dunkle Anzug oder das elegante und wenig farbenfrohe Kostüm Pflicht.

 Gerade in Beratungsgesellschaften ist »Schwarz« häufig noch eine Business-Farbe. Dem ist aber mitnichten so! Hier ist es auch egal, wir Ihre Vorgesetzten vorgehen. Sie müssen nicht alles nachmachen! »Schwarz« tragen Sie bitte nur im Trauerfall und vielleicht bei einer akademischen Feier.

Doch aufgepasst: Führt Sie Ihre Beratertätigkeit auch in diverse Industriehallen, sollten Sie sich in adäquate Kleidung werfen. Mit anderen Worten, neben dem obligaten Anzug benötigen Sie dann auch widerstandsfähige Kleidung. Vielleicht doch den Pullover und die Jeans? Denn eines ist sicher: Sie wollen sich nicht über Gebühr von den Arbeitern absetzen.

 Sollten Sie vor solchen oder ähnlichen Situationen stehen, können Sie sich gerne Rat bei erfahreneren Kollegen oder dem Klienten – der ist ja auch Auftraggeber – einholen, welche Kleidung angemessen ist.

In der Werbeagentur

Verlassen wir den eher konservativen Bereich und nehmen Anlauf in die Abteilung »Kreativität«. Stellen Sie sich bitte für einen Moment vor, Sie seien Mitarbeiter in einer Werbeagentur.

Im gestrengen Hosenanzug mit weißer Bluse aufzutauchen, kann helfen, wenn Sie einen Werbespot bei einer Großbank vorstellen wollen. Doch das kommt in den meisten Fällen wohl kaum vor.

Im Agenturbüro sollten Sie die Kleidung tragen, bei der Sie Ihre Kreativität am besten ausleben können. In der Regel sollte es sich also um bequeme Hosen und bequeme Oberbekleidung handeln. Natürlich sind auch hier Grenzen zu beachten:

✔ Bauchfrei bleibt verpönt.

✔ Tanktops für sie und ihn müssen nicht sein.

✔ Bequemlichkeit und Reinlichkeit schließen sich definitiv nicht aus.

✔ Was ist die Erwartung Ihres Chefs?

✔ Haben Sie eine Präsentation beim Kunden, sollten Sie sich prinzipiell an den Dresscode »Business« halten – dazu später mehr.

Die Liste können Sie gerne fortsetzen, Ihnen wird bestimmt noch einiges einfallen.

Als Ingenieur unterwegs

Jeder Ingenieur und natürlich jede Ingenieurin hat häufig verschiedenste Aufgaben zu erfüllen: das computergestützte Gedankenexperiment im eigenen Büro, die eher handwerkliche Arbeit, die Präsentation vor der Geschäftsführung oder beim Kunden.

Drei verschiedene Situationen, die drei unterschiedliche Dresscodes erfordern.

Im ersten Fall können Sie quasi selbst entscheiden, ob Sie sich gewohnheitsmäßig für gepflegte, auch für den Freizeitaufenthalt taugliche Kleidungsstücke entscheiden oder ob Sie doch zum Anzug greifen.

Bei der handwerklichen Arbeit werden Sie aller Voraussicht nach zu der werksüblichen (Schutz-)Kleidung greifen. Und bei der Präsentation führt kein Weg am förmlichen Hosenanzug, dem förmlichen Anzug vorbei.

Immer noch sind Sie kein Banker oder Unternehmensberater. Dennoch sollten Sie an späterer Stelle genau hinsehen, wie »Business«-Kleidung definiert wird. Je höher die Hierarchien sind, vor denen Sie präsentieren müssen, umso konservativer sollte Ihre Garderobe sein.

Unendlich viele Berufe habe ich nicht genannt. Das war auch nicht meine Absicht. Ich bin überzeugt, dass Sie die Botschaft hinter den Beispielen verinnerlichen konnten.

Dresscodes und ihre Anwendungsbereiche

Ich spanne Sie noch für einen kurzen Moment auf die Folter, bevor Sie endlich die korrekten Beschreibungen der relevanten Dresscodes bekommen. Denn: Welche Dresscodes sind im beruflichen Umfeld eigentlich für Sie relevant?

Egal, was Sie lesen oder hören: Im Job gibt es nur drei Dresscodes:

1. »Business«

2. »Business Casual«

3. »Casual«

Alle anderen vermeintlichen Codes, wie zum Beispiel »gepflegte Freizeitkleidung« oder »Smart Casual«, sind zwar fantasievoll, aber keine eigenen Definitionen. Vielmehr sind sie in den genannten drei Möglichkeiten – je nach Interpretation – enthalten.

Das ist auch der Grund, weshalb ich nachfolgend nur diese Dresscodes näher erläutern werde.

 Taucht dennoch einmal einer dieser nicht offiziellen Bezeichnungen auf, so fragen Sie doch einfach bei demjenigen, der die Bezeichnung benutzt hat, nach, was denn damit konkret gemeint ist. Bewahren Sie sich bitte vor eigenen Interpretationen; das muss zwar nicht, kann aber zu Fehlgriffen in Ihrem Schrank führen.

»Business« tragen Sie generell im Büro oder auch bei beruflich motivierten Veranstaltungen. Im Kundentermin und bei Bewerbungsgesprächen in den üblichen Branchen ist das auch selbstverständlich.

»Business Casual« hat seinen Ursprung darin, dass man sich nach dem Dienstschluss noch zu einem Glas Wein trifft. Und zum Umziehen war nicht mehr die Zeit. Heute wird dieser Dresscode häufig für Meetings, Seminare oder Workshops vorgegeben, wobei hier Vorsicht geboten ist.

 Aus Unkenntnis wird »Business Casual« häufig als »Casual« verstanden und benutzt. In Ergänzung zum vorigen Tipp: Fragen Sie auch in diesem Fall gerne nach, nicht aus der Perspektive des Besserwissers, sondern aus der des Hilfesuchenden!

»Casual« ist die »gepflegte Freizeitkleidung«. Typischerweise gibt man sich bei so genannten Kick-Offs oder Team-Events diesem Dresscode hin. Das ist meist damit verbunden, dass sich der Austragungsort außerhalb der Firmenwände befindet. Und jetzt wird es wieder spannend!

Gerade dann, wenn Sie sich beispielsweise in einem Hotel aufhalten, sollten Sie sich bewusst bleiben, dass Sie auch in dieser legeren Garderobe Ihr Unternehmen repräsentieren! Behalten Sie das bitte im Hinterkopf, wenn Sie später die Definition lesen.

Definition der Dresscodes

Jetzt geht es los. Gleich erfahren Sie, was Sie wann tragen sollten und was nicht. Ein Hinweis vorab: Üblicherweise richten sich – im beruflichen und noch mehr im gesellschaftlichen Umfeld – die Dresscodes an den Mann. Was die Frau trägt, bleibt dann noch lange nicht ihr überlassen, sondern es gibt immer Entsprechungen.

Warum das so ist? Vielleicht traut man der Damenwelt eher zu, Kleidervorschriften für den Mann für sich zu adaptieren als umgekehrt. Sie werden feststellen, dass die Regeln für die Frau im ersten Augenschein weniger knebelnd erscheinen. Doch entscheiden Sie selbst!

»Business«

Schließlich heißt ja das Buch auch *Business-Knigge für Dummies*. Deshalb werden wir auch diesem Code die größte Aufmerksamkeit zukommen lassen.

Was »Mann« so trägt

Liebe Herren, eins vorweg: Die Kombination – das heißt Hose und Jackett in unterschiedlichen Farben – hat in diesem Dresscode nichts verloren. Mit anderen Worten, Sie tragen:

✔ einen Anzug

✔ ein langärmeliges Hemd

✔ eine Krawatte

✔ Ledergürtel

✔ Socken oder Strümpfe

✔ Lederschuhe

Das ist zunächst allgemein gehalten, werden wir also konkreter.

Der Anzug

Als Business-Farben kommen – in der konservativ-korrekten Fassung – nur zwei infrage: Dunkelblau und Anthrazit. Alle anderen modischen oder individuellen Nuancen bleiben anderen Gelegenheiten vorbehalten. Neben der schon erwähnten Un-Farbe Schwarz verzichten Sie bitte unbedingt auch auf Braun, und das nicht nur beim Anzug.

 Kombinationen werden im Business nicht mehr getragen! Das hat sich spätestens im Laufe der ersten Hälfte des 20. Jahrhunderts so geändert. Ausnahmen bestätigen sicherlich die Regel: Hanseaten – wie der Alt-Bundeskanzler Helmut Schmidt – greifen gerne zu grauer Hose und blauem Sakko.

Dagegen sind Nadelstreifen (»pin stripes«) durchaus erlaubt. Dabei handelt es sich um feine vertikale Fäden, die in den Stoff eingearbeitet sind. Keinesfalls sollte ein Anzug Ähnlichkeit mit einem Pyjama aufweisen!

 »No brown in town!« Das gilt nicht nur auf den britischen Inseln. Dort galt und gilt das Braun als Farbe der Landbevölkerung. In den vornehmen Städten hatte Braun nichts zu suchen. Diese Ablehnung fand dann ihre Fortsetzung bei typisch »städtischen« Berufsständen, deren Arbeiten vorwiegend in einem Büro ausgeübt werden.

Das Jackett

Betrachten wir zunächst das Jackett. Sie haben die Wahl zwischen dem Einreiher und dem – mittlerweile etwas aus der Mode gekommenen – Zweireiher. Wo liegt der Unterschied? Sicherlich in der Passform! Fragen Sie dazu Ihre Figur und auch Ihre Frau. Generell erhalten Sie Zweireiher nur ohne Rückenschlitz, wobei wir schon beim nächsten Thema wären.

 Doch zuvor ein Hinweis zum täglichen Gebrauch: Während Sie den Einreiher im Sitzen offen tragen und erst beim Erheben – bei jedem Erheben! – wieder elegant schließen, bleiben die Knöpfe des Zweireihers stets geschlossen. Das hat auch pragmatische Hintergründe, denn einen Zweireiher zu knöpfen dauert länger und geht nicht jedem mit nur einer Hand von eben jener Hand.

Beim Einreiher haben Sie drei Möglichkeiten für einen Rückenschlitz:

✔ ohne Schlitz – das wird nicht mehr so häufig gesehen

✔ mit einem Schlitz in der Rückenmitte

✔ mit zwei Schlitzen

Was davon für das geschäftliche Umfeld die geeignetste Variante ist, lässt sich nicht sagen. Entscheiden Sie nach Ihrem Geschmack und wieder nach Ihrer Figur.

Um hier ein genaues Bild für sich selbst zu erhalten, lohnt der Gang zum Maßschneider. Bevor Sie nun aufschreien und die vergleichsweise hohen Preise ins Feld schicken: Es gibt mittlerweile Maßschneider, die Ihnen gute Ware anbieten können, die preislich der – ebenfalls guten – Stangenware nahekommt. Es lohnt sich, ein paar Wochen zu warten, denn jeder Körper ist anders. Und wer will schon in standardisierte Konfektionsgrößen gepresst werden?

Viele Details können Sie beim Anzug wählen. Zum Beispiel wie die Taschen angeordnet sein sollen, welche Innentaschen Sie bevorzugen, ob das Innenfutter eine eigene Farbe aufweist oder »Ton-in-Ton« gehalten werden soll und so weiter.

Ein Qualitätsmerkmal – häufig auch ein Zeichen für maßgeschneiderte Ware – sind die so genannten »durchgeknöpften« Knöpfe am unteren Ende der Ärmel. »Durchgeknöpft« bedeutet in diesem Fall, dass die Knöpfe tatsächlich geknöpft werden können und nicht nur aufgenäht worden sind. Zumeist handelt es sich um vier Knöpfe an jedem Ärmel.

Wie erwähnt finden Sie diese Variante in der Regel bei maßgeschneiderter Ware. Aber bitte stellen Sie das nicht zur Schau, indem Sie – wie leider viel zu oft zu beobachten ist – den untersten Knopf ungeknöpft lassen. Der Gentleman schweigt und genießt.

Da wir gerade bei den Knöpfen sind: Der Einreiher kommt in 2-, 3- und 4-Knopfvariante vor. Auch hier entscheidet Ihr Geschmack. Egal, wofür Sie sich entscheiden, gibt es für das geschlossene Jackett Regeln.

So bleibt in allen Varianten der unterste Knopf immer geöffnet, bei drei und vier Knöpfen kann auch der oberste Knopf diesem Beispiel folgen. Betrachten Sie sich im Spiegel: Benötigt Ihr Jackett den obersten Knopf, um das Gesamtbild zu stabilisieren, so lassen Sie ihn geschlossen. Andernfalls steht der vermeintlich lockeren (gleichwohl britischen!) Variante nichts im Wege.

Wir sind im geschäftlichen Umfeld. So kann es sein, dass Sie in Ihren Innentaschen das Visitenkartenetui oder einen Kugelschreiber aufbewahren. Beides besitzt Masse und damit Schwerkraft, die auch Ihr Sakko nach unten ziehen wird. Halten Sie in diesem Fall das Sakko oben geschlossen. Beachten Sie allgemein, dass Sie Ihre Taschen nicht überfüllen! Ausgebeulte Jacketts sehen nicht nur unschön aus, zu viele »Innereien« ruinieren auch das gute Stück.

Die Brusttasche ist häufig zugenäht. Das können Sie so lassen, wenn Sie jedoch einem Einstecktuch zuneigen – das ist auch im Business unabhängig von der Hierarchiestufe erlaubt –, sollten Sie den Nähfaden vorsichtig entfernen.

Die Hose

Kommen wir nun zur Hose. Ob Sie einen konservativen Schnitt mit Bundfalte oder eher moderne Varianten bevorzugen, bleibt – Sie ahnen es schon – Ihrem Wunsch überlassen. Auch Form und Anzahl der Taschen wählen Sie bitte nach Gusto, wenngleich auch hier der Hinweis gilt, dass ausgebeulte Hosentaschen einen eher befremdlichen Eindruck hinterlassen.

Sie können die Hose mit Umschlag wählen oder ohne. Beides ist dem Dresscode konform. Hier gibt es nur einen feinen Hinweis bezüglich der Länge der Hosenbeine. Generell gilt, dass die Hose so lang sein sollte, dass sie vorne eine Falte wirft. Bitte keine Ziehharmonika! Außerdem ist ein Abschluss mit der oberen Kante des Schuhabsatzes wünschenswert. Der Unterschied zwischen Hose mit und ohne Schlag besteht jetzt darin, dass die Hose ohne Schlag ein wenig kürzer gewählt werden kann. Das sollte Sie jetzt aber nicht zum »Hochwasser-Tragen« verleiten.

In der Regel haben Anzughosen Gürtelschlaufen. Nicht umsonst! Denn Sie tragen selbstverständlich einen schwarzen (!), eleganten Ledergürtel ohne überflüssigen Zierrat. Lassen Sie sich ein Beinkleid ohne Schlaufen schneidern, dürfen Sie gerne auch Hosenträger nutzen. Aber Obacht: Dann sollten Sie darauf achtgeben, dass die Träger immer unter dem Sakko verborgen bleiben!

Die Weste

Haben wir etwas vergessen? Ja, die Weste! Sie sagen, die trägt man nicht mehr? Das mag aus modischen Gesichtspunkten richtig sein, stört den Dresscode aber nicht.

Wenn Sie eine Weste tragen, sollten Sie lediglich zwei Dinge beachten:

1. Ihr Jackett bleibt im Stehen auch mit Weste geschlossen!

2. Ist Ihre Weste an der Unterkante gerade geschnitten, schließen Sie bitte alle Knöpfe. Sehen Sie eine Kerbe in der Verlängerung der Knopfleiste, dann bleibt der unterste Knopf geschlossen.

Das Hemd

Auch beim Hemd sollten wir zunächst das Farbenthema erörtern. In der klassisch-konservativen Definition gibt es auch für das Hemd nur zwei Farben: Weiß und Hellblau. Alles andere scheidet erst einmal aus.

 Schauen Sie aber Ihr Umfeld an. Ist Rosa – nicht Pink! – eine akzeptierte Farbe auch für Männer, dann dürfen Sie auch dazu greifen. Ebenso handhaben Sie es bitte mit dezenten Streifen oder einem unauffälligen Karomuster. An dieser Stelle hat die Akzeptanz aber auch ihre Grenzen: Pastelltöne oder kräftige Signalfarben können Sie gerne nach Feierabend tragen, im Büro bitte nicht!

Wie oben schon erwähnt, hat das Business-Hemd definitiv lange Ärmel. Und das gilt unabhängig von den herrschenden Temperaturen!

Das Hemd kann normale Manschetten haben mit Knöpfen, die der übrigen Beknopfung entsprechen. Erlaubt sind, und das sieht auch gekonnter aus, Doppelmanschetten, die mit eleganten unauffälligen Manschettenknöpfen geschlossen werden.

Es gehört im Übrigen der Fabelwelt an, dass Doppelmanschetten den oberen Hierarchien vorbehalten sind. Doch zugegeben: Im Vorstand einer Bank sieht man Manschettenknöpfe ungleich häufiger als an der Kasse!

Das Hemd kann, muss aber keine Brusttasche haben. Stilvoller sind häufig Hemden ohne Brusttasche.

 Auch hier lohnt sich der Gang zum Maßschneider. Der wird Sie immer fragen, ob Sie eine Tasche haben wollen oder nicht. Für das eigene Wohlbefinden ist eine genau ausgemessene Kragenweite nicht zu überschätzen!

Häufiger Diskussionspunkt ist die korrekte Ärmellänge des Hemdes. Hier muss man das Hemd in Kombination mit dem Anzug besehen.

Der Hemdsärmel lugt optimalerweise einen Zentimeter unter dem Sakkoärmel hervor, der seinerseits auf dem Puls endet (siehe Abbildung 4.1). Damit ist gewährleistet, dass der geneigte Betrachter einen dezenten Blick auf die Manschettenknöpfe erhaschen kann, vielleicht sogar auf die eingestickten Initialen des Trägers (bitte nur auf einem Ärmel!).

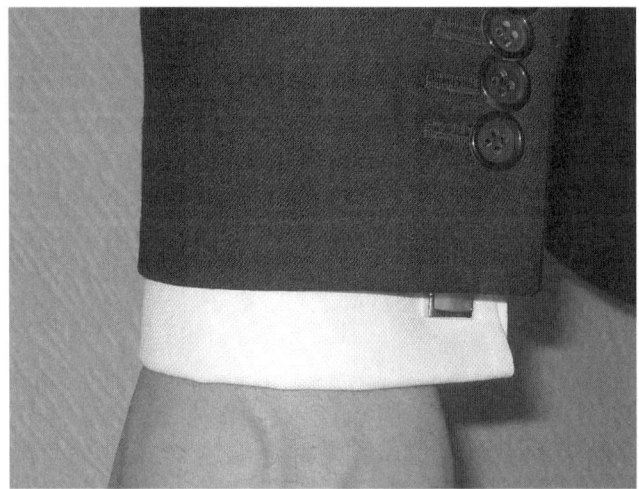

Abbildung 4.1: Korrekte Ärmellänge

Ein wichtiges Element ist der Kragen beim Hemd.

Was geht nicht im beruflichen Umfeld? Der so genannte »Button-Down«-Kragen, bei dem kleine Knöpfe die Kragenspitzen unten halten. Dazu eine Krawatte zu tragen, ist »out«. Einen berechtigten Platz findet diese Kragenform im »Casual«-Outfit.

Ob Sie nun aber einen »Kent«, einen »Turndown« oder »Haifisch« bevorzugen, hängt zum einen von Ihrem Geschmack, zum anderen vom Anzug ab, den Sie tragen.

Bei einer perfekten Kombination von Hemd und Anzug verschwinden die Kragenspitzen immer unter dem Revers. Überprüfen Sie das bitte bei angelegter Krawatte und geschlossenem Jackett in Ihrem Spiegel.

Abbildung 4.2 zeigt Ihnen diese Regel kombiniert mit einer Krawatte, die mit einem Windsor-Knoten gebunden worden ist.

Die Krawatte

Kommen wir zum landläufig so bezeichneten »Binder«. Ein Verzicht auf Micky-Maus-Muster, Seidenmalerei und poppige Farbe wird Ihrem Ansehen bestimmt nicht schaden.

Abbildung 4.2: Versteckte Kragenspitzen und Windsor-Knoten

Eine Krawatte sollte eine unauffällige Musterung haben, außerhalb der britischen Inseln gerne auch Streifenmuster.

 In Großbritannien hat jede Schule, jedes Regiment sein eigenes Streifenmuster. Ein Ausländer mit einer Krawatte in eben einem solchen Muster wird nicht gern gesehen.

Wählen Sie die Farbe dem Anlass und Ihrer Persönlichkeit entsprechend. Wollen Sie im Meeting Konsensfähigkeit zeigen, wählen Sie vielleicht ein eher unauffälliges, gedecktes Beige. Haben Sie vor, dominant aufzutreten, greifen Sie gerne zur rot-gestreiften Krawatte. Sie werden feststellen, dass Sie auf bewundernde Blicke Ihrer Kollegen treffen, wenn Sie diesen mitteilen, dass Sie morgens nicht nur nach modischen Aspekten eine Krawatte auswählen!

Die Krawatte sollte so lang gebunden sein, dass sie auf der Gürtelschnalle – maximal in der Mitte der Schnalle – endet. Mit welchem Knoten sie gebunden ist, bleibt Ihrer Fingerfertigkeit überlassen. Die häufigsten Formen sind der asymmetrische »Four-in-Hand« und der symmetrische, eher konservative »Windsor«.

 Liebe iPhone-Besitzer! Geben Sie doch einmal im App Store den Suchbegriff »vTie« ein und Sie werden entsprechende Applikationen finden, die Ihnen die verschiedenen Krawattenknoten näherbringen!

Und noch ein Tipp:

Zur pfleglichen Aufbewahrung Ihrer Krawatte sollten Sie sie nach dem Tragen rollen und dann locker in ein Regal oder eine Schublade legen.

Die Politik als Vorreiter

Vielleicht erinnern Sie sich noch an das erste große Fernsehduell im Vorfeld einer Bundestagswahl? Im Jahr 2002 kandidierte der Amtsinhaber Gerhard Schröder zum zweiten Mal für das Kanzleramt und trat im TV gegen seinen Herausforderer, den bayrischen Ministerpräsidenten Edmund Stoiber an.

Beide wurden nicht nur inhaltlich auf die Sendung vorbereitet, sondern ließen sich auch hinsichtlich ihres Erscheinungsbildes im Vorfeld beraten. Unbestritten ist Rot eine sehr kämpferische Farbe, die Willen und Kraft, also Durchsetzungsfähigkeit verkörpert. Es kam, wie es kommen musste: Beide Kandidaten glichen – kleidungstechnisch – eineiigen Zwillingen. Beide trugen einen dunkelblauen Anzug und jeweils eine rot-gestreifte Krawatte!

Beim zweiten Duell in den privaten Sendern hatten sich übrigens beide für andere, nicht gleiche Binder entschieden.

Der Schuh

Halten wir diesen Abschnitt kurz. Der Business-Schuh ist aus Leder, wird geschnürt und hat ausschließlich die Farbe Schwarz. Aus Leder ist optimalerweise auch die Sohle.

Dass die Absätze nicht abgelaufen sind und die Schuhe nur in geputztem Zustand getragen werden, sollte sich von selbst verstehen.

Ein kleiner Schuhschwamm zum Aufpolieren der Schuhe passt in jede Schreibtischschublade. Im Notfall – Bundeswehrsoldaten werden sich erinnern – eignet sich auch eine ausgemusterte Damenstrumpfhose zur kurzfristigen Erzeugung von Glanz!

Bevor Sie die italienische Mode anführen, um Ihren braunen Schuh salonfähig zu machen: Sie haben ja recht! Gerade bei unseren südeuropäischen Freunden ist das nüchterne Schwarz nicht beliebt. Dennoch: Auch dort gilt in konservativen Branchen der schwarze Schuh als einzig akzeptierte Variante. Tun Sie sich also bitte selbst den Gefallen und gehen Sie kein modisch motiviertes Risiko – schon gar nicht in Deutschland – ein.

Bei der Wahl der Schuhform haben Sie selbige. Der glattlederne Oxford ist genauso angesehen wie der mit Zierlöchern strukturierte Brogue.

 Um die Qualität Ihres Schuhs möglichst lange zu bewahren, nutzen Sie nach dem Tragen Schuhspanner aus Holz und gönnen Sie den Schuhen mindestens 24 Stunden Ruhepause!

Socken oder Strumpf?

Beides kann richtig sein. Doch zunächst allgemein: Die Farbe des Strumpfes sollte einen harmonischen Übergang vom Schuh zum Anzug bilden. Bei einer generellen Empfehlung für schwarze Schuhe und einem dunkelblauen oder anthrazitfarbenen Anzug werden Sie sicherlich schnell fündig werden.

Ob es nun ein Strumpf oder ein Socken ist, ist von der Namensgebung her wenig interessant. Lang genug sollte dieses Kleidungsstück aber sein. Was heißt das konkret? In keiner Situation, insbesondere nicht beim Sitzen, soll ein geneigter Betrachter die Chance haben, einen Blick auf Ihr unbekleidetes Bein zu erhaschen. Mit anderen Worten: Stoppelbehaarung auf einem bleichen Schienbein will bei einer Fusionsverhandlung niemand sehen!

Schmuck und Accessoires

Im beruflichen Umfeld hat ausgeprägtes Ornat keinen Platz. Wie bereits erwähnt, können Sie gerne zum eleganten Einstecktuch greifen.

Das sollte in Farbe oder Design mit der Krawatte harmonieren. Bitte nicht das Geschenkpaket erwerben, in dem Sie Krawatte und Tuch mit gleicher Farbe und Musterung finden! Im Zweifel bleiben Sie beim weißen Tuch, das locker in der Brusttasche drapiert wird.

 Eine Armbanduhr überzeugt durch schlichte Eleganz. Die Non-Plus-Ultra-Fliegeruhr mit Plastikdekor sollte zu Hause bleiben, stattdessen greifen Sie lieber zu Edelmetall. Das muss auch nicht gleichbedeutend mit »teuer« sein!

Ein Ehering ist jedem erlaubt. Ein Siegelring – auch Wappenring – ist auch im beruflichen Umfeld akzeptiert. Bitte achten Sie aber auf Echtheit! Tragen Sie diesen Ring immer an der Hand, an der sich nicht der Ehering befindet.

Die Geschäftskleidung für die Frau

Ungleich kürzer wird Ihnen der Abschnitt für die feminine Definition von »Business«-Kleidung vorkommen. Das ist auch tatsächlich der Fall. Hintergrund mag sein, dass die Damenwelt in der Regel immer noch zielsicherer ihre Garderobe zusammenstellt. Hinzu kommt ein oft gefühlt größeres Maß an Freiraum. Sehen Sie selbst!

 »Geiz ist geil!« Man kann über die Richtigkeit dieses Spruches trefflich streiten. Im Zusammenhang mit weiblichen Reizen im Business trifft er unbeschränkt zu. Achten Sie bei der Auswahl Ihrer Kleidung darauf!

Hosenanzug und Kostüm

Auch hier erst einmal die Farbenlehre. Und es gibt keine Überraschung! Wie beim Mann gelten auch hier in der konservativen Definition nur Dunkelblau und Anthrazit als akzeptabel. Öfter als bei Männern werden Sie Schwarz zu Gesicht bekommen. Das ist aber genauso unrichtig!

Und auch wenn die Herren nun weinen werden: In der Praxis werden auch andere Farben immer häufiger akzeptiert. So gilt Grau als tragbar, ebenso wie ein dezentes Beige. Allzu farbenfroh sollte sich die Trägerin aber nicht zeigen. Schließlich wollen Sie doch mit Ihrer Persönlichkeit und mit Ihrer Kompetenz im Gedächtnis bleiben und nicht so sehr mit der Farbe Ihres Outfits.

 Bei den Männern hatte ich den Besuch des Maßschneiders empfohlen, der nicht unbedingt teurer sein muss als die Markenware »von der Stange«. Gleiches gilt natürlich auch für die Dame. Denn Unterschiede im Qualitätsanspruch oder der individuellen Passform sollte es zwischen den Geschlechtern definitiv nicht geben.

Ob Sie nun dem Hosenanzug oder dem Kostüm den Vorzug geben, bleibt Ihrer persönlichen Neigung vorbehalten. Jedenfalls sollten Sie darauf achten, dass das zugehörige Jackett im zugeknöpften Zustand perfekt sitzt. Denn ob sitzend oder stehend: Im Gegensatz zum männlichen Kollegen bleibt das Jackett stets geschlossen!

 Der Hosenanzug kann zum Teil sehr »männlich« wirken. Kombinieren Sie mit femininen Kleidungsstücken, zum Beispiel einem eleganten Tuch, so nehmen Sie Ihrem Aussehen die Strenge!

Eine der in Seminaren am häufigsten gestellten Fragen betrifft die Rocklänge bei Frauen im Business. Und eine der häufigsten Antworten hierauf lautet: »Das Knie umspielend«.

Was heißt das nun für Sie? Grundsätzlich gilt, dass die von Ihnen gewählte Rocklänge nicht nur Ihren ästhetischen Ansprüchen genügen sollte, sondern

auch denen eines jeden Betrachters. Ist Ihr Gegenüber eher konservativ eingestellt, wird er einen Rock gutheißen, der knapp unterhalb – als Richtgröße dient
die Breite einer Hand – des Knies endet. Ist Ihr Gegenüber dagegen eher modern
ausgerichtet, wird er auch das Ende knapp oberhalb des Knies akzeptieren.

Mit anderen Worten: Fluch und Segen zugleich, denn letztlich obliegt die Entscheidung Ihnen! Das bedeutet auch, dass Sie Ihren Rock so wählen können,
dass er erst auf Höhe der Schienbeinmitte endet.

 Ein Minirock umspielt weder das Knie noch ist er ansatzweise im
beruflichen Kontext erlaubt! Sie erinnern sich, dass mit Reizen gegeizt
werden sollte.

Die Bluse und andere Oberteile

Die Vorteile der Damenwelt bezüglich der Kleidung gehen weiter. Denn auch bei
der Wahl des Oberteils sind Sie viel freier als Ihr männlicher Kollege.

Mit einer Bluse können Sie niemals danebenliegen. Wählen Sie als Farbe das
alles beherrschende Weiß oder ein dezentes Hellblau, gehören Sie vonseiten des
Dresscodes zu den natürlichen Gewinnern, insbesondere in einer konservativen
Branche. Rosa – wie beim Mann nicht Pink! – gewinnt zunehmend Freunde und
Freundinnen. Es kommen weitere Farbtöne hinzu, ohne hier näher drauf einge-
hen zu müssen.

Wie Sie die Bluse tragen, bleibt Ihrem gestrengen Blick in den eigenen Spiegel
überlassen. Den Kragen können Sie umgeschlagen über oder unter dem Revers
des Jacketts tragen oder aber auch nicht umgeschlagen. Kurze Ärmel oder auch
ärmellose Bluse sind möglich, denn schließlich entledigen Sie sich zu keiner
Zeit Ihres Sakkos.

Ob die Bluse in der Hose oder dem Rock zu tragen ist oder nicht, entscheiden die
Passform und Sie. Bei der Wahl der nicht geschlossenen Knöpfe wiederhole ich
gerne:»Geiz ist geil!«

 Die Überschrift lautet ... *und andere Oberteile*. Ihr Kleiderschrank sollte
unbedingt auch elegante Shirts und – je nach Branche und Jahreszeit –
den ein oder anderen eleganten Pullover, gerne auch mit Rollkragen,
bereithalten. Auf eine neuerliche Farbenlehre verzichte ich.

Kleidung für Bein und Fuß

Wie warm es auch sei, wie schmerzlich der Ausfall der Klimaanlage auch ist: Ein
Bein muss stets bestrumpft sein! Ob es die klassische Strumpfhose ist oder der

Nylonstrumpf, der den Blick auf eine nackte Extremität verhindert, bleibt Ihnen überlassen.

In wenig konservativen Branchen ist auch schon mal ein unbekleidetes Stückchen Bein gesichtet worden. Das war dann aber perfekt enthaart!

 Bei der Businessfrau von Welt hat der Trend zur Zweitstrumpfhose Einzug gehalten. Mit anderen Worten: Für den Fall einer Laufmasche halten Sie bitte Ersatz in Ihrem Büro, an Ihrem Arbeitsplatz bereit. Für den Herrn gilt übrigens Ähnliches für die Krawatte, die in Mittagspausen den gefährlichen Angriffen der wundervoll schmeckenden Spaghetti Napoli ausgesetzt ist.

Wandern wir noch weiter in Richtung Süden, kommen wir zu den Füßen, die sich freuen auf einen eleganten Schuh, der wie beim Herrn mit Rock oder Hose farblich korrespondiert. Die klassischen Farben sind demnach Blau und Schwarz.

Zudem sollte der Schuh einen merklichen – nicht übertriebenen – Absatz aufweisen und vorn und hinten geschlossen sein. Mit anderen Worten empfiehlt sich gerade in einer konservativen Branche, Pumps zu tragen.

 Das Material ist auch hier für Komfort und Haltbarkeit das entscheidende Kriterium. Auch wenn Sie dafür ein wenig mehr Geld ausgeben müssen, die Investition lohnt sich immer!

Pumps

Wussten Sie, dass der Pumps seinen Ursprung im 16. Jahrhundert hatte und ursprünglich für die Füße von Männern vorgesehen war? Im Französischen bekam er den Namen »poumpe«, im Englischen die Bezeichnung »court shoe«, was seine Nutzbarkeit auf höfischem Parkett deutlich werden lässt.

Im 18. Jahrhundert bekam der Pumps dickere Sohlen und stabilere Absätze für den Einsatz auf der Straße. Zusätzlich wurde die Damenwelt auf dieses Kleidungsstück aufmerksam.

Vielleicht war auch das der Grund dafür, dass die Absatzhöhe im 19. und 20. Jahrhundert stetig zunahm. Bei Weitem sollte der Pumps aber nicht Absätze in Höhe von High Heels erhalten!

Zur Vollständigkeit: Der Slingpumps unterscheidet sich von der klassischen Form dadurch, dass er keine Fersenkappe aufweist, sondern ein Riemchen. Im konservativen Geschäftsumfeld scheidet er also aus.

Schmuck und Accessoires

Bislang waren Sie darauf bedacht, ein elegantes Outfit als Priorität zu setzen. Das sollten Sie nun keinesfalls durch unbedachtes Anbringen von Schmuck und anderen Accessoires ad absurdum führen.

Damit ist schon eines klar: Modeschmuck bleibt bis zum Feierabend in der entsprechenden Aufbewahrungsbox. Die von Ihnen gewählten Schmuckstücke sollten sich nach Art und Material sinnvoll ergänzen. Hinzu kommen weitere kleidsame Ornate.

 Beachten Sie jedoch, dass Sie Ihre Gesprächspartner nie mit mehr als fünf »Hinguckern« konfrontieren. Das lenkt die Aufmerksamkeit auf Nichtigkeiten und damit weg vom einzig wichtigen, nämlich von Ihnen!

Bleiben Sie bitte schlicht und elegant mit folgenden Accessoires:

✔ Halstuch oder Seidenschal

✔ eine zu den Schuhen in Material und Design (Farbe) passende Handtasche

✔ Armbanduhr

✔ maximal drei Ringe, verteilt auf alle Finger beider Hände

✔ Halskette – Perlenketten sind zeitlos!

✔ Ohrringe, und zwar an jedem Ohr einer; tellergroße Kreolen bleiben Freizeitvergnügen

Was weder Mann noch Frau tragen sollte

Bei jeder von mir verfassten Schrift denke ich darüber nach, ob ich wirklich wieder darauf hinweisen soll, welche »No Gos« es im Dresscode »Business« gibt. Leider belehrt mich mein täglicher Umgang mit gut gemeintem, aber schlecht ausgeführtem Geschäfts-Outfit eines Besseren. Deshalb mögen Sie es mir bitte nachsehen, wenn ich in diesem Abschnitt doch noch eine Negativliste erstelle.

Dabei liste ich Dinge auf, die in keinem geschäftlichen Umfeld etwas zu suchen haben. Das bedeutet also, dass es ausnahmsweise nicht auf den Grad der konservativen Ausprägung der Branche ankommt, was noch erlaubt ist und was nicht.

Das ist definitiv nicht sehenswert:

✔ Piercings jeglicher Art – dem öffentlichen Blick verborgene seien davon ausgenommen

✔ Tätowierungen, die aus dem Business-Outfit hervorschauen

✔ Bluejeans, die bewusst oder unbewusst dem Zerreißen nahe sind

✔ Ohrringe beim Mann – da hilft auch das Abkleben mit kleinen Pflastern nichts, im Gegenteil!

✔ enthüllende statt bedeckende Hüfthosen

✔ Miniröcke

✔ Flipflops

✔ Hosen, die den Blick auf seine darunter getragenen Shorts preisgeben

✔ Oberteile, Hemden, Krawatten und Ähnliches mit lustig gemeinten, daher völlig deplazierten Aufdrucken

Ich beende diese Auflistung lieber, bevor sich die Seiten noch mehr füllen. Sie werden mir sicherlich recht geben: Es gibt noch wesentlich unglaublichere Tabubrüche, über die wir jedoch besser den Mantel des Schweigens ausbreiten.

»Business Casual«

Eine der am häufigsten vorkommenden Anweisungen für das Tragen einer bestimmten Kleidung ist der Dresscode »Business Casual«. Sie lesen ihn zumeist bei Einladungen zu betriebsinternen Veranstaltungen, Ganztagesmeetings oder Seminaren.

 Häufig benutzt bedeutet dagegen leider nicht, dass völlige Klarheit darüber herrschen würde, was mit dieser Vorschrift gemeint sein könnte. Andernfalls wäre es schlicht unerklärlich, dass Sie bei »Business Casual«-Veranstaltungen immer wieder auf Jeanshosen treffen.

Doch zunächst wollen wir die Frage beantworten, wo der Ursprung dieses – Sie werden es feststellen – mehr als einfachen Dresscodes liegt.

Damit ist auch schon deutlich, was dieser Dresscode generell nicht ist, nämlich gepflegte Freizeitkleidung! Vielmehr handelt es sich um eine – verzeihen Sie bitte den militärischen Jargon – Marscherleichterung.

Bei einer beruflich bedingten Veranstaltung hat der Mann dann den Vorteil, dass er sich mit der vorsichtshalber eingepackten Krawatte im Fall des Falles sehr schnell wieder dem konservativen Business-Look unterwerfen kann. Für die Frau ändert sich sowieso kaum etwas. Haben Sie statt zum Jackett zum eleganten Pullover gegriffen, wird man Ihnen das beim Wechsel ins Formelle nur in seltenen Fällen negativ anlasten.

Come as you are!

Diese Aufforderung hören Sie auch heute noch, wenn Sie sich nach Dienstschluss noch an einer geselligen Runde, vielleicht beim Italiener um die Ecke oder in der Stammkneipe der Abteilung, beteiligen sollen. Verstehen Sie das durchaus wörtlich! Normalerweise werden Sie nicht erst schnell nach Hause fahren, sich umkleiden und dann wieder an den Ort des Geschehens zurückkehren.

Ihr Büro-Outfit muss auch für den Abend herhalten, in dessen Verlauf Sie sich aber vielleicht immer eingeengter durch den strengen »Business«-Dresscode fühlen. Mann löst dann schon mal gerne die Krawatte, Frau verzichtet, bei entsprechendem Oberteil, auf das Jackett.

Et voilà: »Business Casual«!

»Casual«

Kaum etwas im Rahmen von Kleidung ist schwieriger, als sich stilvoll »casual« zu kleiden. Was Sie unter diesem Begriff alles zu sehen bekommen, ist mit Artenvielfalt fast schon unzutreffend beschrieben.

 Die Ergänzung »smart« sollte Sie niemals irritieren. »Casual« und »Smart Casual« bedingen beide den identischen Griff in den Kleiderschrank!

Umso wichtiger ist es für Sie im geschäftlichen Umfeld, sich Klarheit darüber zu schaffen, was zum Beispiel der Einladende unter dem Dresscode versteht. Kollegen zu fragen, die ebenfalls eingeladen sind, ist nicht zwingend empfehlenswert, da viele Menschen ihre ganz eigene Definition mit sich herumtragen.

Wieder einmal ist es so, dass die klassische Lehre hier der Damenwelt deutlich mehr Fingerspitzengefühl zutraut als den Herren. Ziehen wir also die Grenzen für den Mann.

Der »Casual«-Mann

Ich warne Sie vor, denn ich neige der klassischen, sehr konservativen Variante dieses Dresscodes zu. Und das bedeutet für ihn:

Er trägt eine graue Stoffhose. Dazu gehört natürlich ein Hemd – hier gerne auch der zuvor verschmähte »Button-Down«-Kragen. Ich empfehle Ihnen ein dezent gestreiftes Hemd mit der Grundfarbe weiß.

Unverzichtbar ist das Sakko. Selbiges sollte dunkelblau sein und darf im Gegensatz zum Geschäftsanzug auch elegante Messingknöpfe aufweisen. Der Zweireiher erlebt hier oft seine Renaissance, das muss aber nicht sein. Schwarze Glattlederschuhe sind nicht angesagt.

Wenn Sie allerdings mit diesem eng gefassten Rahmen überhaupt nichts anfangen können oder wollen, hier die auch akzeptierte Lösung:

Greifen Sie zur beigefarbenen Cordhose, dem eleganten einfarbigen Polohemd und einem dazu passenden, lässig, aber nicht nachlässig über die Schultern geworfenen Pullover oder einem sportlichen Sakko. Die Farbe von Schuh und Gürtel ist in diesem Falle sicherlich Braun!

 Jeans und T-Shirt bleiben aber auch in diesem Fall dort, wo sie hingehören: im Kleiderschrank. Dort warten sie auf ihren Einsatz in Ihrer Freizeit!

Der Chef als Vorbild

Darüber habe ich schon einiges geschrieben. An dieser Stelle jedoch eine kleine Anekdote, mit der ich dem Vorbildcharakter von Chefs das Wort rede.

Vor einigen Jahren war ich zu Gast bei einer Großveranstaltung eines bekannten deutschen Bankhauses. Zu diesem Event waren aus ganz Deutschland alle Führungskräfte des Vertriebs eingeladen. Gastgeber war der Vertriebsvorstand, der um »Casual«-Kleidung gebeten hatte.

Sie werden es ahnen: Niemand entsprach in seiner Kleidung der obigen Definition, mit einer einzigen Ausnahme: Der Vertriebsvorstand hätte als Paradebeispiel für klassisches »Casual« herangezogen werden können.

Die »Casual«-Frau

Liebe Damen, ungleich einfacher ist es für Sie! Vertrauen Sie Ihrem Instinkt und im Zweifel dem kritischen Blick Ihrer besten Freundin. Dann kann Ihnen auch bei diesem Dresscode nichts passieren.

Gleichwohl der Hinweis auf Kleidungsstücke, die im formellen »Casual« deplatziert sind:

✔ Leggins

✔ Jeans

✔ Oberteile mit Spaghettiträgern

Bedenken Sie immer den Anlass! Dann sind Sie vor allen Fauxpas geschützt.

Gesellschaftliche Dresscodes

Zum Abschluss dieses Kapitels noch ein kurzer Ausflug in die gesellschaftlichen Dresscodes. Vielleicht sind Sie in einem Beruf tätig, der es Ihnen das eine oder andere Mal abverlangt, im gesellschaftlichen Rahmen unterwegs zu sein. Generell sind Sie dann im Business-Outfit immer richtig gekleidet. Dennoch möchte ich Sie mit zwei weiteren Dresscodes in aller Kürze bekannt machen.

»Black Tie«

Sie sind zu einer festlichen Abendveranstaltung eingeladen und finden im Einladungsschreiben einen der folgenden Begriffe:

✔ Black Tie

✔ Gesellschaftsanzug

✔ Cravatte Noire

✔ Tuxedo

Gemeint ist immer der Smoking. Das bedeutet eine schwarze einreihige oder zweireihige Jacke mit seidenbesetztem Revers. Die Kragenform erinnert häufig an einen Schal.

Die Hose ist aus dem gleichen Stoff. Sie wird in Ermangelung der Schlaufen ohne Gürtel getragen und besitzt keinen Umschlag. Die Seitennaht ist mit dem so genannten »Galon« versehen, einem Streifen aus Seide.

Dazu wird ein weißes Smokinghemd getragen, dessen Knopfleiste verdeckt ist. Doppelmanschette und Umlegekragen sind weitere obligate Elemente. Der Name »Black Tie« kommt von der durch nichts zu ersetzenden schwarzen Fliege, die der geübte Mann selbst bindet.

Schwarze Strümpfe sind alternativlos. Das traditionelle Schuhwerk besteht aus einem schwarzen, geschnürten Lackschuh.

Elegante Begleiter des perfekten Outfits sind:

✔ (goldene) Manschettenknöpfe und dazu passende Hemdknöpfe

✔ ein Kummerbund (häufig in einem dunklen Rot)

✔ ein (weißes) Einstecktuch aus Seide

Die elegante Dame trägt

✔ ein Cocktailkleid

✔ das Kleine Schwarze

✔ das lange Abendkleid (eher selten zum »Black Tie«, eher zum »White Tie«)

Das Cocktailkleid ist in der Regel wadenlang. Es besitzt üblicherweise ein Dekolleté und wird mit einem kleinen Jäckchen abgerundet.

Das Kleine Schwarze –Coco Chanel hat es uns in den wilden Zwanzigern des vorigen Jahrhunderts beschert – ist schlicht, schmucklos und daher zeitlos elegant. In jeder neuen Modesaison werden Sie auch neue Vorschläge für dieses Kleid finden.

Die Wahl der richtigen Schuhe richtet sich nach dem konkreten Anlass: Werden Sie den gesamten Abend vornehmlich sitzend verbringen, greifen Sie zu eleganten Pumps oder Sandaletten. Ist Ihre Sportlichkeit im Sinne von Tanzen gefragt, dann sollten Sie die Bequemlichkeit und Beweglichkeit als weitere Entscheidungskriterien ins Kalkül ziehen.

»White Tie«

Herzlichen Glückwunsch! Sie stehen auf der Gästeliste eines Staatsempfangs oder haben das Glück, den Wiener Opernball besuchen zu dürfen.

Dann sollten Sie zum Frack – auch »großer Gesellschaftsanzug« genannt – respektive zum langen Abendkleid oder Ballkleid greifen.

Ein Frack ist immer schwarz und deutlich an den langen Frackschößen erkennbar. Die Jacke wird nie geschlossen, sie kann auch nicht geschlossen werden. Unter ihr befindet sich eine weiße Frackweste und das weiße Frackhemd mit Klappkragen. Das Revers ist wie beim Smoking seidenbesetzt.

Die Hose besitzt zwei Galons und hat ebenfalls keine Gürtelschlaufen. Die Schuhe sind nicht minder elegant als beim »Black Tie«. Die Fliege ist – nomen est omen – weiß. Manschettenknöpfe kommen auch zum Einsatz, halten aber in der Regel einfache Manschetten, keine Doppelmanschetten.

Das Ballkleid ist in Farbe, Schnitt und Stoff von Ihnen frei wählbar. Schulterfreiheit ist kein Tabu, jedoch sollten Sie selbige beim Dinner bedecken können. Elegante Überwürfe werden Sie mit dem Kleid erwerben können. Pumps sind nicht gerade passende Begleiter, ansonsten wählen Sie Ihr Fußkleid nach den schon im vorigen Abschnitt beschriebenen Kriterien.

Korrespondenz und Telefon

In diesem Kapitel

▷ Welche Form Ihre Briefe haben sollten

▷ Briefe zu traurigen Anlässen

▷ Welchen Einfluss elektronische Medien auf die Form haben

▷ Was Sie am Telefon beachten sollten

*W*ir haben schon viel darüber nachgedacht, wie Sie einen professionellen Eindruck auf Ihr Gegenüber machen können. Dazu gehören Kleidung, Ihre ersten Worte und so weiter.

Ungleich schwieriger wird es, wenn Sie für Ihren Gesprächspartner unsichtbar sind, das heißt im Falle der schriftlichen Korrespondenz oder der Telefonie. Das heißt gleichzeitig, dass es hier umso wichtiger ist, die Form zu wahren und Regeln zu beachten.

Häufig genug finden Sie dazu in Ihrem Unternehmen im Rahmen der Corporate Identity oder des Corporate Designs die entsprechenden Hinweise. Gerade formale Ansprüche sind dort penibel geregelt. Dennoch möchte ich Ihnen auch aus dem Blickwinkel der Etikette einige Vorschläge mit auf den Weg geben.

Vielfach zeigt die Erfahrung, dass gerade im Zeitalter immer moderner werdender Medien Modernität gerne die Höflichkeit ablöst. Schauen Sie sich dazu nur einige E-Mails an, die Sie womöglich in der letzten Zeit erhalten haben. Fehlt die Anrede, der Gruß? Wurde mit Initialen unterschrieben oder ist der Text durchzogen von Emoticons?

Und auch bei Briefen gibt es immer noch Unsicherheiten. Wie ist denn jetzt die formal korrekte Anrede? In welcher Reihenfolge schreibe ich »Frau« und »Herr«? Genügt »Mit freundlichem Gruß« oder kann ich positiver auf mich aufmerksam machen?

Das am häufigsten benutzte Medium ist – noch – das Telefon. Wie melde ich mich korrekt und für den Gesprächsteilnehmer wertschätzend? Was sind meine letzten Worte? Und wer darf eigentlich als Erstes auflegen?

All diesen Fragen werden wir uns auf den nächsten Seiten widmen.

Briefe richtig schreiben

Keine Sorge, Sie werden nun keinen Grundkurs für Sekretärinnen und Sekretäre durchleben. Da bin ich der falsche Ansprechpartner und das ist auch nicht Sinn dieses Buches. Dennoch weise ich Sie gerne auf einige Regeln hin.

 Wenn Sie an den Details interessiert sind, wie Briefe korrekt formatiert werden, empfehle ich Ihnen, sich mit der DIN 5008 näher zu befassen. Typisch deutsch ist in dieser Norm alles festgelegt, was zu einem formvollendeten Schreiben notwendig ist.

Adresse

Dem Adressfeld kommt bei einem Brief die erste entscheidende Bedeutung zu. Dabei ist es nicht relevant, ob Sie einen Fensterbriefumschlag nutzen oder die Adresse auf den Umschlag drucken oder schreiben müssen.

Die Adresse besteht aus folgenden Zeilen:

1. Firma

2. Abteilung

3. Anrede, Titel und/oder akademische Grade, Vorname, Name

4. Straße und Hausnummer, oftmals auch das Postfach

5. Postleitzahl und Ort

6. Land

 Zwischen der Straße oder dem Postfach und der Nennung der Postleitzahl plus Ort ist mittlerweile keine Leerzeile mehr erforderlich, genauer nicht mehr korrekt!

Setzen Sie die Adresse in dieser Form auf, erreicht Ihr Schreiben die genannte Person oder deren Vertreter. Es kann sogar vorkommen, dass Ihr Brief bereits in der zentralen Poststelle geöffnet und vorgeprüft wird. Daher sollten Sie vertrauliche Mitteilungen, die nur und ausschließlich für eine bestimmte Person gedacht sind, in leicht abgewandelter Form adressieren:

1. Anrede

2. Titel und/oder akademische Grade, Vorname, Name

3. Firma

4. Abteilung

5. Straße und Hausnummer, oftmals auch das Postfach

6. Postleitzahl und Ort

7. Land

Bei dieser Form ist der oft gewählte Zusatz »persönlich/vertraulich« eigentlich überflüssig. »Eigentlich« deshalb, weil nicht in jedem Unternehmen die Kenntnis bei den Mitarbeitern vorherrscht, derart adressierte Schreiben als »persönlich« zu betrachten.

Vielfach werden Sie auch noch den Zusatz »z.Hd.« – zu Händen – finden. Das ist antiquiert und wird im Zweifel den gewünschten Effekt auch nicht herbeiführen können.

Auch im geschäftlichen Gebrauch werden Sie Privatpersonen anschreiben. Dann ist die Nennung von Firma und Abteilung irrelevant, es kommt vielmehr auf Anrede, Titel und akademische Grade an. Daher wenden wir uns nun diesen Elementen zu.

 Keine Frau wird heute korrekterweise mehr mit »Fräulein« angeredet. Das gilt im mündlichen wie im schriftlichen Sprachgebrauch. Einzige Ausnahme: Die angeredete Dame besteht ausdrücklich darauf! Ansonsten nutzen Sie bitte »Frau«!

Anrede sind also »Frau« beziehungsweise »Herr« oder »Herrn«. Am gebräuchlichsten ist immer noch der Akkusativ, doch finden Sie auch vermehrt den Nominativ. Für den interessierten Leser: »Herrn« ist die verstümmelte Form von »An den Herrn«. Letzteres sollten Sie aber nicht mehr verwenden!

Ungleich spannender zu beantworten ist die Frage, wie Sie korrekt und richtig (Ehe-)Paare anreden. Falsch können Sie fast gar nicht mehr agieren, eine gute Nachricht also. Hier der Überblick aller Möglichkeiten bei der Anrede des Ehepaars Bärbel und Heinz Beispiel – ich verwende der Einfachheit halber immer die Akkusativform:

✔ Frau und Herrn Bärbel und Heinz Beispiel

✔ Herrn und Frau Heinz und Bärbel Beispiel

✔ Frau Bärbel und Herrn Heinz Beispiel

✔ Herrn Heinz und Frau Bärbel Beispiel

✔ Frau Bärbel Beispiel – Absatz – Herrn Heinz Beispiel

✔ Herrn Heinz Beispiel – Absatz – Frau Bärbel Beispiel

Bei Paaren, die jeweils ihren Geburtsnamen behalten haben, schränkt sich die Vielfalt ein wenig ein. Die Anreden »Eheleute« oder »Familie« sind verstaubt.

Titel und akademische Grade bleiben ein interessantes Merkmal. Zunächst zu den Titeln. Tabelle 5.1 können Sie entnehmen, wie Adelsanreden gestaltet werden sollten, sowohl im Adressfeld als auch dann später in der schriftlichen Anrede.

Bezeichnung	Anrede Adressfeld	Anrede Brief
Fürstin	Frau Anna Fürstin von Thal	Sehr geehrte Fürstin von Thal,
Graf	Graf Harald zu Seym	Sehr geehrter Graf (zu) Seym,
Freiherr	Freiherr Karl von Schlecht-burg (oder: Herrn Karl Freiherr von Schlechtburg)	Sehr geehrter Herr von Schlechtburg,
Baronin	Baronin Nina von Wyck	Sehr geehrte Baronin (Wyck),
Ritter	Herrn Sigurd Ritter von Vinn	Sehr geehrter Herr von Vinn,

Tabelle 5.1: Dem Adel verpflichtet

Noch umfangreicher wird es natürlich, wenn Sie akademische Grade haben. Dann gilt folgende grundsätzliche Regel: Im Adressfeld werden alle akademischen Titel (zum Beispiel »Frau Prof. Dr. Dr. Helene Hellohr«) genannt, in der brieflichen Anrede lediglich der höchste: »Sehr geehrte Frau Professor(in) (Hellohr)«.

 Der Professorentitel wird in der Briefanrede und nachfolgend immer ausgeschrieben im Gegensatz zum Doktortitel »Dr.«. Im Adressfeld genügt immer die abgekürzte Form »Prof.«, »Dr.«. Diplome, Magister und sonstige Abschlüsse sind genauso wenig anredefähig wie Berufsbezeichnungen. Ausnahmen nimmt Österreich für sich in Anspruch!

Vielleicht werden Sie weniger oft mit Vertretern des Adelsgeschlechts korrespondieren als mit politischen Mandatsträgern. Daher finden Sie in Tabelle 5.2 in ähnlicher Übersicht wie zuvor einige ausgewählte Beispiele.

 Für ehemalige Mandatsträger, die nicht mehr im öffentlichen Leben stehen, fügen Sie bitte im Adressfeld Mandatstitel und »a.D.« an den Namen an: »Herr Dr. Helmut Apfel Bundesminister a.D.«.

Bezeichnung	Anrede Adressfeld	Anrede Brief
Bundespräsident	Herr Bundespräsident Eduard Groß	Sehr geehrter Herr Bundespräsident,
Bundeskanzlerin	Frau Bundeskanzlerin Elke Ehrlich	Sehr geehrte Frau Bundeskanzlerin,
Minister (Bund)	Bundesminister für Finanzen Herr Dr. Karl Fiskus	Sehr geehrter Herr Bundesminister,
Ministerin (Land)	Minister für Inneres des Freistaates Sachsen Frau Erika Obrig	Sehr geehrte Frau Ministerin,
Mitglied des Deutschen Bundestages	Mitglied des Deutschen Bundestages Herr Werner Wech	Sehr geehrter Herr Abgeordneter,
Landrätin	Landrätin des Landkreises Oberhimmel Frau Prof. Irmgard Insel	Sehr geehrte Frau Landrätin,
(Ober-)Bürgermeister	(Ober-)Bürgermeister von Kleinstadt Herr Gerhard Gicht	Sehr geehrter Herr (Ober-)Bürgermeister,

Tabelle 5.2: Ausgewählte Mandatsträger

Damit verlassen wir diesen formalen Teil des Briefes und wenden uns den Inhalten zu.

Einen Brief beginnen

Sie haben im vorigen Abschnitt bereits gelesen, wie eine korrekte Briefanrede in speziellen Fällen erfolgen sollte. Reduziert lautet die klassische Variante »Sehr geehrte Frau Mustermann, ...« oder »Sehr geehrter Herr Mustermann, ...«.

Damit können Sie niemals falsch liegen, denn Sie nutzen die korrekte Form. Auf der anderen Seite zeigt diese Vorgehensweise gegenüber dem Empfänger wenig Individualität.

Gerade beim Umgang mit Ihren Kunden – ich gehe dabei davon aus, dass Sie sich persönlich kennen und auch schon häufiger miteinander korrespondiert beziehungsweise sich persönlich getroffen haben – sind Sie herzlich dazu eingeladen und ermuntert, ein wenig Kreativität einzubringen. Was halten Sie von folgenden Einstiegen:

✔ Guten Tag, Herr Dr. Fröhlich!

✔ Guten Tag, sehr geehrte Frau Fröhlich!

✔ Liebe Frau Engel!

✔ Sehr geehrter, lieber Herr Professor Engel, ...

✔ Sehr geehrter Graf Hirschsprung, liebe Floriane, ...

Entscheidend ist nicht nur Ihr Mut, sondern Ihr persönliches Verhältnis zu dem oder den Adressaten. Einen Anhaltspunkt können Sie gewinnen, wenn Sie vielleicht selbst einen Brief von der Zielperson in der letzten Zeit erhalten haben. Welche Anrede hat sie benutzt?

 Gerade im Umgang mit Kunden ist das naturgemäß ein gewagtes Spiel. Seien Sie im Zweifel immer konservativ oder formell. Damit liegen Sie stets richtig.

Diejenigen unter Ihnen, die ein natürliches Gespür für das Schreiben von Briefen besitzen, können sogar noch eine Spur individueller werden. Beginnen Sie doch Ihr Schreiben nicht mit der Anrede, sondern lassen diese elegant und eloquent in einen einleitenden Satz einfließen, der sich zum Beispiel auf das letzte Aufeinandertreffen mit Ihrem Kunden bezieht. Das kann dann beispielsweise so klingen:

»Das Gespräch mit Ihnen über die Zukunft der erneuerbaren Energien war äußerst aufschlussreich,

sehr geehrter Herr Dr. Ehon.

Meinen herzlichen Dank dafür. ...«

Für den ein oder anderen auch im beruflichen Kontext eine erfrischende Abwechslung. Eines ist gewiss: Die Aufmerksamkeit des Lesers angesichts der ungewöhnlichen Einleitung ist erhöht.

Einen Brief beenden

Passend zu den Ausführungen, wie ein Brief begonnen werden sollte, widmen wir uns jetzt einem im wahrsten Sinne ansprechenden Ende. Der erste Eindruck zählt, der letzte Eindruck bleibt. Bleiben Sie also sich und Ihrem Schreibstil auch am Ende des Textes treu!

Haben Sie die rein formale Variante für Ihren Brief gewählt oder wählen müssen, dann bleiben Sie bitte auch beim Abschied korrekt. Höfliche Floskeln – das ist keineswegs negativ gemeint – sind:

✔ Mit freundlichen Grüßen

✔ Mit freundlichem Gruß

✔ Hochachtungsvoll

Etwas persönlicher wirken dann schon Grußformen wie

✔ Mit den besten Wünschen

✔ Mit kollegialem Gruß

Je nachdem, wie Ihr persönliches Verhältnis zum Adressaten ist, können Sie aber auch einen herzlichen Gruß senden:

»Einen herzlichen Gruß sendet Ihnen ...«

 Wenn Sie nun noch anfügen, woher der Gruß kommt (»aus Moers«) oder besser – weil an den Adressaten gerichtet – wohin der Gruß geht (»in den Harz«), vollenden Sie das positive Bild eines geübten Schreibers.

Wie erwähnt, das muss nicht sein, manchmal darf so etwas auch in formalen Schreiben nicht vorkommen.

Bevor Sie Anlagen auflisten, kommt der Leser dann in den Genuss Ihrer Unterschrift. Die muss nicht leserlich sein, stellt sie doch quasi Ihren persönlichen, schriftlichen Fingerabdruck dar.

 Bestenfalls nutzen Sie für das Unterzeichnen einen guten Füllfederhalter. Das gibt Ihrem Namenszug neben Eleganz noch eine ganz besonders individuelle Note.

Der Inhalt

Beim Inhalt ist eine Frage besonders wichtig: Was interessiert den Leser wirklich? Ergänzend: Was will er von Ihnen lesen? Was will er von Ihnen und über Sie erfahren? Was könnte ihn langweilen, was besonders interessieren?

Ein guter Maßstab zur Beantwortung dieser Fragen sind Sie selbst. Achten und schätzen Sie standardisierte Floskeln? Verlieren Sie vielleicht auch die Muße beim Lesen eines Briefes, wenn Sie ständig ellenlange verschachtelte Sätze vorfinden?

Wenn ein Brieftext so gestaltet ist, dass der Empfänger ihn mehrfach lesen muss, um ihn tatsächlich und vollständig zu verstehen, ist das gelinde ausgedrückt suboptimal. »In der Kürze liegt die Würze!« Was heißt das nun konkret für Sie?

1. Wenn Sie nicht zu anderem gezwungen sind, bringen Sie bitte Ihren Brief auf der ersten Seite zu Ende. Alles, was über die erste Seite hinausgeht, wird auch für den geneigten Leser mühsam.

2. Überprüfen Sie längere Briefe auf Wiederholungen, Floskeln und Verlängerungen. Das bietet immer Einsparpotenzial.

3. Brauchen die geschriebenen Sätze tatsächlich den eingebundenen Nebensatz? Ist ein Adjektiv schon genug, braucht das Substantiv zwingend einen zweiten Begleiter?

4. Kurze, prägnante Aussagen bleiben eher im Gedächtnis als verschnörkelte Konjunktivkonstrukte. Und sie sind nicht minder höflich!

 So können Sie zum Beispiel anstelle des allseits beliebten »Ich würde mich freuen, wenn Sie sich bei mir melden könnten« deutlich schlichter schreiben: »Ich freue mich sehr auf Ihre Rückmeldung!« Beides meint das Gleiche und ist in gleichem Maße höflich. Die erste Form hat aber einen zusätzlichen Anschein von Unterwürfigkeit. Das muss nicht sein!

Bevor ich Ihnen ein Beispiel für einen Brief mit geschäftlichem Hintergrund gebe, noch ein Satz, den Sie oft, aus meiner Sicht zu oft vorfinden: »Für weitergehende Fragen stehe ich Ihnen selbstverständlich jederzeit gerne zur Verfügung.« »Na, Bravo!« möchte ich ausrufen! Entspricht dieser Satz tatsächlich Ihrem Willen? Ich glaube kaum, denn:

✔ Das Wort »selbstverständlich« ist überflüssig. Wenn etwas selbstverständlich ist, warum sagen Sie es dann extra? Handelt es sich bei diesem Satz nicht vielmehr um Ihren ganz persönlichen Anspruch an sich selbst? Dann relativieren und nivellieren Sie das doch nicht mit einem unnötigen Wort!

✔ Wann genau wollen Sie zur Verfügung stehen? Zu den üblichen Geschäftszeiten? Auch am Abend und am Wochenende? Während der Oper, zu der Sie Ihren Mann eingeladen haben? Beim Kindergartenfest? Das alles würde »jederzeit« bedeuten. Versprechen Sie nichts, was Sie nicht halten können und aller Wahrscheinlichkeit nach auch nicht halten wollen!

✔ Und ob Sie etwas wirklich »gerne« tun, sei einmal dahingestellt.

Ich gebe zu: Ihre Intention, diesen Satz zu gebrauchen, ist aller Ehren wert. Doch es gibt sicherlich eine andere Möglichkeit, das Gleiche zu sagen, ohne floskelhaft zu werden. Im Zweifel wirkt das dann sogar authentischer und auch ehrlicher. Was halten Sie zum Beispiel davon:

»Welche Fragen darf ich Ihnen noch beantworten? Ich rufe Sie Anfang der kommenden Woche an, um die offenen Punkte mit Ihnen zu klären.«

10. September 2010

Angebot zum individuellen Coaching

Guten Tag, Herr Dr. Anhalt,
besten Dank für das ausführliche Telefonat, das wir heute Vormittag führen konnten.

Wie angekündigt sende ich Ihnen ein erstes Angebot zu einem individuellen Coaching »Führung in Veränderung«. Bitte verstehen Sie dieses Angebot als Diskussionsgrundlage.

Welche Fragen stellen sich Ihnen nach der ersten Durchsicht?

Zu Beginn der nächsten Woche rufe ich Sie vereinbarungsgemäß an, um Ihnen die Antworten geben zu können. Bei dieser Gelegenheit können wir auch das weitere Vorgehen besprechen.

Herzliche Grüße nach Wuppertal
XXX Beratung GmbH
– Unterschrift –
Collin Coacher

Anlage
Angebot

Abbildung 5.1: Begleitschreiben für ein Angebot zu einem Coaching

Ein Vorschlag

In Abbildung 5.1 stelle ich Ihnen einen Brief als Muster vor. Dabei verzichte ich auf das Adressfeld und gehe sofort über in den Inhalt.

Mit Stil kondolieren

Den Schluss dieses Teils widme ich einem unangenehmen Thema: dem Kondolenzschreiben.

Ist es im privaten Umfeld schon unglaublich schwierig, die richtigen Worte zu finden und dann auch noch zu Papier zu bringen, so stellt es den ein oder anderen im geschäftlichen Umfeld vor noch größere Hürden.

Natürlich gebietet die Höflichkeit, den Hinterbliebenen das eigene Mitgefühl oder das des Unternehmens auszudrücken. Auf der anderen Seite stellt sich die Frage, wie förmlich oder persönlich sollte eine Kondolenz gestaltet sein.

Eins ist sicher: Sie können sich dem Brief nicht entziehen. Das sind Sie den Trauernden und auch dem Verstorbenen schuldig!

Deshalb zunächst zur äußeren Form. Es bietet sich immer an, einen weißen Briefbogen zu benutzen, zwingend ist ein fensterloser, weißer Briefumschlag. Verzichten sollten Sie allerdings auf den schwarzen Trauerrand. Der ist ausschließlich der Familie vorbehalten!

Als Repräsentant eines Unternehmens werden Sie häufig nicht umhinkommen, einen Briefbogen Ihrer Firma in Kombination mit einem auf dem PC erzeugten Schreiben zu versenden. Sie können dem Brief dennoch eine persönliche Note geben, indem Sie die Anrede, ein Zitat, den Gruß handschriftlich verfassen.

Die Angehörigen sollen niemals den Eindruck bekommen müssen, Sie hätten mit dem Kondolieren eine lästige Pflicht routiniert abgearbeitet. Seien Sie im Schreiben konkret und persönlich.

Um den Brief stilvoll zu beginnen, können Sie an den Anfang ein Zitat oder einen Spruch stellen. Dabei sollten Sie allerdings bemüht sein, keinen offensichtlich religiösen Bezug herzustellen. Das kann befremdlich aufgenommen werden.

Auch bei Menschen, die Sie als dem Glauben stark zugeneigt erlebt haben, kann ein Trauerfall zu einschneidenden Änderungen in den eigenen Überzeugungen führen.

 Im Internet unter www.trauerspruch.de finden Sie eine umfangreiche Auswahl an Zitaten und Sprüchen für den traurigsten aller Anlässe.

Im Text selbst lassen Sie dann bestenfalls gemachte Erfahrungen, gemeinsame Erlebnisse mit dem Verstorbenen einfließen. Das zeigt Ihre persönliche Anteilnahme und ist auch ein Qualitätsmerkmal.

Einen nicht wieder gutzumachenden Tabubruch begehen Sie, wenn Sie den Hinterbliebenen im Brief noch Gedanken für das Geschäftliche unterstellen. Konkret musste ich vor einigen Jahren einmal einen Kondolenzbrief Korrektur lesen, den der Verfasser mit folgenden Worten beendete:

»Ich darf mich dann in der kommenden Woche bei Ihnen melden zwecks Terminabsprache.«

Ich hoffe, Sie sind ähnlich geschockt, wie ich es seinerzeit war!

In Ergänzung zur Theorie sehen Sie in Abbildung 5.2 ein Beispiel für einen Kondolenzbrief.

»Wenn das Licht erlischt, bleibt die Trauer.
Wenn die Trauer vergeht, bleibt die Erinnerung.«

Sehr geehrte Frau Meyer,

tief erschüttert sind wir von der Nachricht über den Tod Ihres Mannes. Unsere Gedanken sind bei Ihnen und Ihrem Sohn Liam.

Ihr Mann hat in den letzten Jahrzehnten unserer Firma und vielen Mitarbeitern mit Rat und Tat zur Seite gestanden. Er war das Sinnbild für eine Menschlichkeit, die erfolgreiches Arbeiten erst ermöglicht.

Auch nach dem Eintritt in den Ruhestand war sein Name in aller Munde und er selbst ein stets gern gesehener Besucher in unseren Hallen.

Wir wünschen Ihnen in dieser schweren Zeit die Kraft, in die Zukunft zu blicken und ihr auch entgegenzugehen.

In stiller Anteilnahme

Erwin Ehrlich
– Geschäftsführer –

ZZZ AG & Co. KGaA

Abbildung 5.2: Kondolieren gegenüber den Angehörigen
eines ehemaligen Angestellten

Die Anschrift »An das Trauerhaus« gehört nicht mehr zum Repertoire. Seien Sie konkret und persönlich und adressieren Sie zum Beispiel obiges Schreiben an Frau Anne Meyer!

Alternativen zum Brief

In der modernen, technisierten Welt gibt es diverse Alternativen zum herkömmlichen, dem ein oder anderen unter Ihnen schon fast anachronistisch anmutenden Brief. Lassen Sie uns diese Möglichkeiten etwas genauer ansehen, nicht zuletzt vor dem Hintergrund der modernen Etikette.

Fax

Es ist noch nicht allzu lange her, da hatte jeder, der etwas auf sich hielt, als Zeichen seiner eigenen Modernität ein Faxgerät im Haus. Heutzutage finden Sie dieses Gerät immer noch sehr häufig, gerade in Unternehmen. Jedoch nimmt seine Bedeutung immer mehr ab, gibt es doch mittlerweile Scanner, die in Kooperation mit E-Mails die gleiche Arbeit übernehmen können.

Formulieren Sie ein Fax, so sind Sie nicht weit von der Briefform entfernt. Schließlich können Sie jeden Brief statt in einen Umschlag auch auf ein Faxgerät legen. Daher gelten für Anrede, Inhalt und Gruß die gleichen Regeln.

Darüber hinaus sollten Sie Folgendes beachten:

✔ Ein Fax sollte auch bei zur Neige gehendem Toner noch für den Empfänger lesbar bleiben. Benutzen Sie dementsprechend eine klare Schriftart in akzeptabler Größe und gegebenenfalls in Fettschrift (Empfehlung: Times New Roman, 12, Bold).

✔ Vermeiden Sie bestenfalls handgeschriebene Faxe. Sie sind zumeist nicht gut zu entziffern. Das gilt auch für eilig beantwortete Faxe, die Sie schnell zurücksenden. Sie kommen nicht umhin, ein vollständiges Antwortfax zu formulieren, es sei denn, man benötigt zum Beispiel lediglich Ihre Unterschrift oder eine kleine Ergänzung.

✔ Schreiben mit persönlichen Inhalten sollten Sie nicht via Fax versenden, um den Eindruck zu vermeiden, Sie wollten »mal eben« eine lästige und/oder vergessene Aufgabe erledigen. Ist der Empfänger bei einem Geburtstagsgruß vielleicht noch nachsichtig, hört die Akzeptanz bei einem »Kondolenzfax« bestimmt auf!

Egal wohin Sie ein Fax senden, in einen Privathaushalt oder ins Nachbarbüro: Sie können sich nicht sicher sein, dass der von Ihnen gewünschte Empfänger als Erster oder Einziger Ihre Mitteilung liest. Deshalb eignet sich das Telefax überhaupt nicht für vertrauliche Schreiben.

 Gerade Personalthemen sollten Sie stets vertraulich behandeln. Ein Fax ist in der Regel mehr oder weniger öffentlich zugänglich. Wenn Sie selbst keine Abmahnung riskieren wollen, dann benutzen Sie den Brief im verschlossenen und korrekt adressierten Umschlag!

E-Mail

Die mittlerweile gängigste Form der schriftlichen Kommunikation ist die E-Mail. Daher lohnt sich hier ein intensiverer Blick auf das Geschehen.

Vorteilhaft sind Mails allemal: Sie sind schnell, können mit Versand- und Lesebestätigung versehen werden, erreichen gleichzeitig mehr als nur einen Empfänger, sind überall auf der Welt mit entsprechendem Equipment abrufbar und erlauben einen effizienten Austausch.

Doch bei aller Effizienz und Effektivität dieser Form der Informationsweitergabe birgt sie auch eine aus dem Blickwinkel der Wertschätzung hohe Gefahr. E-Mails können sehr schnell sehr nachlässig gestaltet sein!

Wie äußert sich das? Im Wesentlichen bei der Höflichkeit – manch einer mag auch Förmlichkeit sagen –, bei Orthografie und Grammatik. Doch zunächst möchte ich auf zwei andere Punkte kommen.

Die richtigen Adressaten wählen

Das klingt banal, aber gerade in dieser Banalität steckt viel Potenzial zur Verbesserung!

Überlegen Sie sich bitte vor dem Absenden der Mail genau, wen das, was Sie geschrieben haben, tatsächlich interessiert. Nehmen Sie nicht zu viele Menschen in den Verteiler mit auf, nur weil sie eventuell und gegebenenfalls Interesse haben könnten. Sind Sie nicht selbst schon ein Opfer der so genannten »Mail- oder Informationsflut«?

Diese Flut können Sie noch weiter eindämmen, indem Sie die Funktionalitäten »CC« (Kopie zur Kenntnis) und »BCC« (Blindkopie zur Kenntnis) nicht zu intensiv nutzen. Was soll das auch für einen Nutzen haben?

Erhalten Sie eine Mail in »CC«, müssen Sie davon ausgehen dürfen, dass sich in ihr kein Auftrag für Sie verbirgt. Mit anderen Worten ist unmittelbares Lesen und Handeln nicht erforderlich. Sie können sich dieser Nachricht also auch zu einem beliebigen Zeitpunkt in naher oder ferner Zukunft widmen.

Die Blindkopie ist ein subtiles Instrument, Menschen, die nicht voneinander wissen sollen oder dürfen, gleichzeitig zu informieren. Entscheiden Sie selbst, wann Sie das einsetzen wollen.

»Druckmittel CC«

Noch eine letzte Anmerkung zum »CC«: Oft wird dort die eigene Führungskraft oder die des Empfängers eingesetzt. Manchmal finden sich ganze Hierarchiekaskaden! Das soll den Druck auf den Empfänger erhöhen oder aber auch den eigenen Rücken stärken. Das klingt bezogen auf den Absender wenig selbstbewusst.

Man würde sich wünschen, dass hierauf verzichtet wird. Doch das wird wohl nie geschehen, denn man kann auch vor einem Fakt die Augen nicht verschließen: Das »Druckmittel CC« verfehlt in sehr vielen Fällen seine Wirkung nicht!

Die Betreffzeile

Mindestens so wichtig wie der richtige Adressat ist eine aussagekräftige Betreffzeile. Seien Sie hier bitte so eindeutig und prägnant wie nur irgend möglich.

 Viele Mail-Empfänger entscheiden ausschließlich anhand der Betreffzeile, ob sie die E-Mail öffnen und lesen oder auch nicht.

Benutzen Sie aber die Worte »WICHTIG«, »EILIG« oder »DRINGEND« bitte nicht im Überfluss. Denn wie bei allem Inflationären verlieren auch diese Ansagen schnell ihre Durchschlagskraft.

 Im Übrigen bedeuten Worte, die ausschließlich in Großbuchstaben geschrieben werden, nichts anderes, als dass Sie Ihr Gegenüber schriftlich anschreien. Da Sie das natürlich niemals mit Ihrer Stimme tun würden, verzichten Sie bitte auch im Schriftverkehr darauf!

Anrede und Gruß

Geizen Sie bitte nicht mit Höflichkeit in den von Ihnen verfassten E-Mails. Was heißt das konkret?

Schauen Sie mal Ihre Mails durch und achten insbesondere auf die Anrede. Wie oft finden Sie »Hi«, »Hallo«, »Gentlemen«, »Martina« oder auch rein gar nichts als Anrede? Zu oft!

Ich mag diese Anreden nicht grundsätzlich verteufeln, können sie doch im Laufe der Zeit im gegenseitigen Einvernehmen entstanden sein. Aber bitte: Eine E-Mail wird in ausgedruckter Form zum Brief! Solch einen würden Sie anders beginnen.

Nichts sollte Sie davon abhalten können, Ihre Mail mit »Guten Tag, Herr Winterschein!« zu beginnen. Vermeiden Sie aber einen Morgengruß! Denn Sie wissen ja nicht, wann der Empfänger Ihre Nachricht lesen wird. Oder klingt es in Ihren Ohren nicht seltsam, wenn Sie beim Sonnenuntergang ein »Guten Morgen!« lesen.

 Mögen Sie sich nicht lange mit Anredeformalitäten aufhalten? Dann nutzen Sie doch die Funktion der Autokorrektur! Aus einem schnell getippten »gt« wird dann sofort ein höfliches »Guten Tag!«

Die mangelnde Wertschätzung nimmt dann oft auch noch ihren Fortgang zum Ende der Mail. Manchmal können Sie schon von Glück reden, wenn Sie ein freundlich gemeintes »MFG« finden. Zum Teil folgen dann sogar nur noch die Initialen des Absenders.

Nun, das hat mit höflichem Umgang nicht mehr viel gemein. Brechen Sie doch bitte wohltuend aus dieser Phalanx der Ignoranz aus! Senden Sie Grüße in die Republik, die Nachbarstadt, die nächstgelegene Filiale, das Büro in der Etage über Ihnen. Nochmals: Wer sollte Sie daran hindern?

Lediglich seine vorgefertigte Mail-Signatur anzuhängen, die natürlich die vom Unternehmen bestimmten Inhalte aufweisen muss, zeugt auch nicht unbedingt von Eleganz. Wenn schon Signatur, dann nicht ausschließlich formell und formal. Bauen Sie Ihren persönlichen Gruß ein!

 Auch die Abwesenheitsnotiz sollte den genannten Anforderungen entsprechen. Vielleicht sogar noch mehr als die normale E-Mail. Denn diese Notiz wird automatisch an jeden Absender einer eingehenden Nachricht verschickt.

Orthografie und Grammatik

Wenn Sie sich alle E-Mails in Unternehmen ansehen, müssten Sie eigentlich den Eindruck gewinnen, PISA-Studien bei der arbeitenden und Mail-versendenden Bevölkerung würden keine guten Ergebnisse liefern.

Ist es Unvermögen oder Nachlässigkeit? Rechtschreibung und Grammatik werden mit Füßen getreten. Hoffentlich nur aus Nachlässigkeit.

Es beginnt schon mit der Groß- und Kleinschreibung. Grundschüler plagen sich mit den Regeln, um sie dann am Computer im Beruf wieder zu vergessen. Konsequente Kleinschreibung, Namen nicht ausgenommen, erfreut sich größter Gefolgschaft. Das sollte so nicht sein!

 Punkt, Komma, Semikolon, Fragezeichen, Ausrufezeichen. Die korrekte Benutzung von Satzzeichen fördert die Struktur und das Verständnis von Texten. Warum gelingt das so selten in E-Mails? Verweigern Sie sich nicht der Grammatik.

Und noch ein letzter Punkt: der Abkürzungsfimmel! Dient auch er der Erzeugung höherer Geschwindigkeit im Versenden von Informationen oder ist er doch nur ein weiterer Ausdruck dafür, dass der Absender einer Mail den eigenen Fähigkeiten in Orthografie und Grammatik nicht wirklich vertraut? Wollen Sie sich dieser Frage nicht stellen, dann bleiben Sie bei den ausformulierten Worten.

Emoticons

Diese süßen kleinen Smileys haben im beruflichen Kontext im Grunde nichts zu suchen. Ehrlicherweise: Sie werden sie dennoch immer wieder sehen, deshalb liste ich Ihnen ihre Bedeutung in Tabelle 5.3 auf:

Emoticon	Bedeutung
:-)	Gefallen, Freude
;-)	Augenzwinkern
:-))	Besondere Fröhlichkeit
:-(	Missfallen

Tabelle 5.3: Emoticons

SMS

Die Kurzmitteilung per Handy erfreut sich nicht nur bei der Jugend besonderer Beliebtheit. Mittlerweile ist sie auch aus dem beruflichen Umfeld kaum noch wegzudenken.

Dabei sind ihre Einsatzmöglichkeiten eher beschränkt:

✔ kurze Terminbestätigung

✔ schnelle Zwischenstandsmeldung

✔ spontane Information

Eine SMS ist bei persönlichen Grüßen oder Übermitteln schlechter Nachrichten kein geeignetes Medium.

Beachten Sie bitte – zum Beispiel in Meetings –, dass eingehende Kurznachrichten häufig per Ton angekündigt werden. Das kann Ihre Umgebung stören.

Gut und richtig telefonieren

Das Telefon bleibt bei aller modernen Technik das beliebteste und vielfach beste Medium, um miteinander zu kommunizieren. Dabei sollten Sie gerade im beruflichen Kontext die Form wahren.

Auch beim Telefonieren repräsentieren Sie Ihr Unternehmen. Daher haben viele Firmen im Rahmen der Corporate Identity auch Regeln für die Meldung am Telefon eingeführt. Sie mögen davon halten, was Sie wollen: Befolgen Sie diese Regeln unbedingt! Schließlich dienen sie dem Markt, also dem Kunden, als Wiedererkennungswert.

Ist Ihnen keine Einheitsmeldung vorgeschrieben, dann überlegen Sie doch bitte, was Sie bei einem Anruf in einem Unternehmen erwarten, sobald dort abgehoben wird. Sicherlich haben Sie die gleichen Erwartungen wie Kunden, die bei Ihnen anrufen:

✔ Habe ich in der richtigen Firma angerufen?

✔ In welcher Abteilung bin ich gelandet?

✔ Mit wem spreche ich?

✔ Störe ich gerade oder fühle ich mich willkommen?

Diesen Erwartungen können Sie mit Ihrer Begrüßungsformel entsprechen. Melden Sie sich zum Beispiel wie folgt:

»Kundenfreund AG, Abteilung Qualität. Mein Name ist Kurt Kühn. Guten Tag!«

Diese Vorgehensweise ist sogar in doppeltem Maße empfehlenswert: zum einen, wenn Sie Anrufe entgegennehmen (»inbound«), zum anderen, wenn Sie selbst der Anrufer sind (»outbound«). Bei Letzterem werden Sie vielleicht die Reihenfolge umstellen und mit dem »Guten Tag!« beginnen.

 Beim »outbound« ist allerdings Vorsicht geboten. Als Angestellter einer Bank, der seinen Kunden erreichen möchte, müssen Sie penibel auf die Einhaltung des Bankgeheimnisses achten. Solange Sie nicht sicher sind, dass Sie tatsächlich den Kunden oder seinen Bevollmächtigten am Hörer haben, sollten Sie den Namen Ihres Instituts nicht nennen!

Damit sind die technischen Voraussetzungen geschaffen, ein Telefonat gut zu beginnen. Viel wichtiger ist jedoch die innere Einstellung zum Telefonat. Der Anrufer – es kann Ihr Kunde sein! – verdient Ihre ungeteilte Aufmerksamkeit. Bearbeiten Sie also nicht parallel weitere Vorgänge. Klemmen Sie den Hörer nicht unnötig zwischen Schulter und Kopf ein, um sich einen Kaffee eingießen zu können; hören Sie auf zu essen.

Das klingt banal für Sie? Gott sei Dank! Andernfalls sollten Sie sofort damit beginnen, Ihre innere Einstellung zu überprüfen.

 Lächeln Sie beim Telefonat! Unzählige Studien beweisen, dass der andere Gesprächsteilnehmer das merkt. Benötigen Sie Bewegungsfreiheit? Dann erheben Sie sich beim Telefonieren! Das gelingt noch besser, wenn Sie statt des Telefonhörers ein Headset benutzen können.

Gehen wir weiter von dem Fall aus, dass Sie angerufen werden oder einen in Ihrer Abteilung eingehenden Anruf entgegennehmen. Immer kann es vorkommen, dass der Anrufer gar nicht Sie sprechen wollte und Sie auch nicht in der Lage sind, die spezifischen Fragen des Gesprächspartners zu beantworten.

Dann sagen Sie bitte nicht etwas wie »Bei mir sind Sie da aber völlig falsch ...«! Bewässern Sie stattdessen die deutsche Servicewüste. Sagen Sie, dass Sie zum zuständigen Kollegen durchstellen wollen, nennen Sie vielleicht sogar schon dessen Namen. Fragen Sie vor dem Durchstellen noch einmal nach, wie der Anrufer heißt und was genau sein Anliegen ist.

Mit diesen Informationen helfen Sie dem Kollegen, zu dem Sie verbinden wollen, schon sehr viel weiter. Denn er kann den Kunden bereits mit Namen begrüßen und ist auch schon prinzipiell im Thema.

Will der Anrufer zurückgerufen werden, notieren Sie bitte Namen und Wunsch des Anrufers sowie seine Telefonnummer und die Zeiten, zu denen er bestenfalls zu erreichen sein wird. Diese Notiz reichen Sie dann dem betreffenden Kollegen möglichst zeitnah weiter.

Sie können auch via E-Mail eine Rückruf-Notiz einstellen!

Und wieder gilt: »Der erste Eindruck zählt, der letzte Eindruck bleibt.« Beenden Sie bitte jedes Telefonat stilvoll:

✔ Fassen Sie noch einmal in aller Kürze die Erkenntnisse zusammen.

✔ Wiederholen Sie die daraus abgeleiteten Aufträge.

✔ Bedanken Sie sich. Für das angenehme Telefonat, die Information, das Verständnis.

✔ Verabschieden Sie sich und wünschen Sie noch einen weiteren guten, erfolgreichen, schönen Tag.

Jetzt ist das Telefonat eigentlich beendet. Doch aufgepasst! Auch der letzte Moment ist entscheidend!

Haben Sie mit einem Kunden oder einem Vorgesetzten telefoniert, so legen Sie bitte nicht als Erster auf. Das könnte dem Gesprächspartner den Eindruck vermitteln, er wäre lästig gewesen und Sie wollten so schnell als möglich wieder Ihre anderen Arbeiten aufnehmen. Hohe Wertschätzung wäre das nicht.

Stattdessen warten Sie bitte darauf – es handelt sich zumeist um Sekundenbruchteile –, bis auf der anderen Seite der Leitung eingehängt wird. Dann können Sie das Gleiche tun.

Mit Stil zum Geschäftsessen

In diesem Kapitel

▷ Gast und Gastgeber

▷ Woran Sie ein gutes Restaurant erkennen

▷ Was es heißt, sich bei Tisch modern zu verhalten

▷ Herausforderungen bei Getränken oder Speisen meistern

▷ Umgang mit dem Service

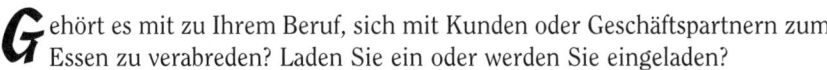

*G*ehört es mit zu Ihrem Beruf, sich mit Kunden oder Geschäftspartnern zum Essen zu verabreden? Laden Sie ein oder werden Sie eingeladen?

Egal wie, Ihre Kenntnisse der Tischetikette sind nun gefragt. Wenn Sie sich nicht immer hundertprozentig sicher sind, wie Sie sich Ihrer Rolle entsprechend verhalten sollen, dann werden wir auf den kommenden Seiten Klarheit herbeiführen.

Gerade, wenn Sie mit Kunden unterwegs sind, sollten Sie sich Ihrer Rolle – sind Sie Gast oder Gastgeber? – bewusst sein. Denn daran orientiert sich auch das korrekte Verhalten.

Schon bei der Wahl des richtigen Restaurants entscheidet sich viel. Daher sollten Sie auch Ihren Blick dafür schulen, was ein gutes oder gar exquisites Restaurant ausmacht. Ein paar Tipps werden Sie auf den guten Pfad bringen.

Und schließlich ist Speise nicht gleich Speise, Getränk nicht gleich Getränk. Glas, Messer, Gabel und Löffel sind jedem von uns hinlänglich bekannt. Den richtigen oder korrekten Umgang mit dem Besteck zu zeigen, ist manchmal eine wahre Herausforderung. Der eine oder die andere unter Ihnen wird sich an die Szenen mit Julia Roberts in »Pretty Woman« erinnern.

Bei aller Ernsthaftigkeit, die der Etikette entgegengebracht werden sollte: Sie werden feststellen, dass viele Regeln sehr sinnvoll sind, Ihnen das Essen und Trinken erleichtern und dadurch sogar zu mehr Genuss führen.

Sich elegant und sicher im Sterne-Restaurant zu bewegen, ist keiner Elite vorbehalten. Wie schon beim Freiherrn Knigge: Das alles ist unabhängig von Rang, Alter und Geschlecht. Viel Vergnügen!

Gast und Gastgeber

Zunächst widmen wir uns den verschiedenen Rollen von Gast und Gastgeber, womit auch schon etliche Punkte des modernen Verhaltens bei Tisch abgehandelt werden.

»Nota bene«: Ich rede bewusst nicht von Kunde und Dienstleister! Lädt Ihr Kunde ein, sind Sie der Gast mit allen Rechten und Pflichten. Laden Sie ein, sind Sie der Gastgeber, ebenfalls mit allen Rechten und Pflichten. Das ist nicht kompliziert, widerspricht aber vielleicht bei einigen Menschen der gelebten Gewohnheit.

Um dieses Thema zu diskutieren, gehe ich es chronologisch an. Was das heißt, werden Sie feststellen.

Zum Essen einladen

Es mag vielleicht übertrieben klingen, es eine offizielle Einladung zu nennen, wenn der Hintergrund ein klassisches »Business Dinner« ist. Ich meine hiermit auch nicht zwingend eine mit dem Füllfederhalter geschriebene Einladungskarte. Denn auch eine mündliche Verabredung sollte die notwendigen Inhalte einer Einladung enthalten.

Wenn Sie sich also das – ob als Gast oder Gastgeber – vor Augen führen, werden Sie an den folgenden Fragen nicht vorbeikommen:

✔ Wann soll das Essen stattfinden?

✔ Wo soll das Essen stattfinden?

✔ Welchen (Hinter-)Grund hat das Essen? – Wird über das Geschäft gesprochen oder nicht?

✔ In welchem Rahmen findet das Essen statt? – Welche Kleidung ist die richtige?

✔ Ist die Partnerin/der Partner auch eingeladen?

Worüber Sie sich bei einer Einladung auch Gedanken machen sollten: Welche Speisen und Getränke bevorzugt Ihr Gast, der vielleicht Ihr wichtigster Kunde ist?

Bei der Wahl Ihres Restaurants sollten Sie keine Risiken eingehen. So ist ein schlichter Italiener mit ausgezeichneter Küche und geschultem Personal im Zweifel dem gerade eröffneten In-Restaurant mit exotischen Fleischgerichten immer vorzuziehen.

Das herauszufinden, wird Ihnen bei dem ersten gemeinsamen Essen vielleicht gelingen. Noch besser: Sie bringen es vorher in Erfahrung! Ein kurzer Anruf bei der Sekretärin Ihres Gastes sollte dafür ausreichen. Und wenn Sie einmal herausgefunden haben, woran sich der Magen Ihres Kunden erfreut, sollten Sie das auch in geeigneter Form abspeichern. Dafür gibt es die diversesten CRM-Programme, wobei CRM »Customer Relationship Management« bedeutet.

 Das gilt insbesondere dann, wenn Sie nicht ausschließen können, dass einer Ihrer Gäste Vegetarier, Veganer oder Allergiker ist. Hier aus vergeblichem Bemühen, modern zu sein, das Falsche zu wählen, ist nicht nur peinlich für Sie. Auch dem Gast kann das unangenehm sein. Beides mag nicht förderlich für Ihre Kundenbeziehung sein!

Es gibt zwei Möglichkeiten, solch wenig heiteren Situationen zu begegnen:

1. Der Gastgeber fragt im Vorfeld der Einladung nach Unverträglichkeiten.

2. Der Gast selbst weist darauf hin, dass er nicht alle Speisen verträgt.

 Gerade im zweiten Fall ist der ein oder andere manchmal zurückhaltend. Doch was ist schon dabei, wenn Ehrlichkeit dazu führt, eine spätere Peinlichkeit zu vermeiden: »Herzlichen Dank für Ihre Einladung! Ich freue mich sehr, gerade weil ich zugeben muss, dass ich als Vegetarier des Öfteren meine Gastgeber vor Herausforderungen stelle!«

Spätestens jetzt haben Sie als Gastgeber noch einmal die Chance, den Ort des Geschehens zu ändern. Doch eigentlich müssen Sie das nicht, denn Sie haben sich natürlich schon im Vorfeld darüber Gedanken gemacht.

 Laden Sie nie in ein Restaurant ein, das Sie nicht getestet haben! Stattdessen gehen Sie vor einer Einladung in das Restaurant Ihrer Wahl, schauen sich die Speise- und Weinkarte an, diskutieren Alternativangebote für Allergiker etc. und testen den Service. Je nach Anlass des Business Dinners müssen Sie auch innerhalb des Restaurants schon einen vernünftigen Ort ausfindig machen, zum Beispiel, wenn Sie dann mit Ihrem Kunden nach dem Essen noch vertrauliche Verhandlungen führen wollen.

Überflüssig zu erwähnen, dass Sie vor der Einladung bereits einen Tisch im Restaurant reserviert haben.

Der Weg in das Restaurant und zum Tisch

Zunächst der allgemeine Hinweis:

 Bedenken Sie immer zwei schon häufig in diesem Buch beschriebene Aspekte der modernen Etikette: Zeigen Sie Ihrem Gast Wertschätzung und seien Sie im diskutierten Sinne der »Beschützer«!

Wenn Sie sich am Ort des Geschehens verabredet haben, wartet der Gastgeber selbstverständlich vor dem Restaurant auf seine Gäste. Bemerkt er (oder sie!) die Ankunft eben jener, sollte auch nichts davon abhalten, den Gästen bis zum Parkplatz entgegenzugehen.

Je weiter der Weg ist, den ein Gastgeber auf seine Gäste zugeht – im wahrsten Sinn des Wortes –, umso größer ist die entgegengebrachte Wertschätzung.

Auf dem Weg zum Restaurant gilt dann wieder: »Links schützt rechts!« in der modernen Auslegung. Das haben Sie schon in den vorigen Kapiteln gelesen.

Vor oder bei dem Betreten des Gebäudes (wir gehen nicht von einer Open-Air-Veranstaltung aus), wird es dann wieder spannend:

✔ Wer öffnet die Tür und hält sie auf?

✔ Wer betritt das Lokal entsprechend zuerst, wer zuletzt?

✔ Auf wen wird der Service, der Oberkellner im Restaurant als Erstes treffen?

Lassen Sie sich nicht verwirren! Denn auch wenn es jetzt kompliziert klingt, es ist alles einfach, pragmatisch und wertschätzend!

 Bedenken Sie an dieser Stelle immer, dass ein Restaurant für den Gast zunächst als fremdes Terrain gilt. Fremd ist dann quasi synonym mit gefährlich. Somit kommt es dem Gastgeber zu, schützend zu wirken.

Merken Sie sich den folgenden Ablauf:

✔ Der Gastgeber öffnet die Tür, die in der Regel nach außen schwingt.

✔ Die Gäste betreten als Erstes das Lokal.

✔ Direkt nach Eintritt bleiben die Gäste stehen und warten auf den Gastgeber.

✔ Der Gastgeber betritt das Restaurant, setzt sich an die Spitze der Gesellschaft und wartet auf den Oberkellner.

✔ Der Oberkellner fragt den Gastgeber nach seinem Wunsch und dieser kann auf die Reservierung verweisen.

Damit sind schon einmal alle hungrigen Personen im Trockenen angekommen. Jetzt geht es zum Tisch. Und jetzt ändert sich die Reihenfolge des Laufens, allerdings nicht der Grundgedanke! Immer noch sind die Gäste fremd, aber der Gastgeber ist nicht mehr derjenige mit der besten Ortskenntnis.

Daher übernimmt der (Ober-)Kellner nun die Führung, die Gäste folgen und das Schlusslicht bildet der Gastgeber. Ist die Karawane am Tisch angekommen, setzen sich alle gleichzeitig, doch wohin?

Korrektes Platzieren

Auch das sollten Sie sich als Gastgeber ja schon im Vorfeld angesehen haben. Die Position des von Ihnen reservierten Tisches im Raum. Wo sind die Fenster, welchen Blick in den Raum möchten Sie Ihren Gästen bieten, wie bekommen Sie am besten Blickkontakt zum Service? Allesamt wichtige Fragen, um den Abend zum Gelingen zu bringen.

Grundsätzlich gilt auch bei Tisch:»Links schützt rechts!« Daher sitzt die Tischdame rechts von ihrem Tischherrn, ebenso wie der (männliche/weibliche) Gastgeber links vom (weiblichen/männlichen) Ehrengast Platz nimmt.

Doch bevor ich allzu viel theoretisiere: nachfolgend einige bildliche Darstellungen, die Ihnen das Prinzip des korrekten Platzierens nahebringen sollen.

Im ersten Beispiel geht ein Bankberater (A) mit seiner Kundin (B) und deren Mann (C) essen (siehe Abbildung 6.1).

Damit sitzen Kundin und Ehemann am Fenster und müssen nicht in die Sonne blicken, um den Berater anzusehen. Gleichzeitig haben sie einen guten Blick in den Raum. Der Berater als Gastgeber wiederum hat schnellen Zugriff auf den Service und ist gleichzeitig der Tischherr der einzigen Dame bei Tisch.

Im zweiten Beispiel (siehe Abbildung 6.2) schauen wir uns zwei Geschäftspartner (A2 und B2) an, die gemeinsam mit ihren Lebensgefährtinnen (A1 und B1) bei Tisch sitzen.

Die Männer haben damit als Tischdame jeweils die Partnerin des anderen. Jeweils sitzen sich ein Herr und eine Dame gegenüber. Sinn und Zweck dieser Konstellation ist es, andere Gesprächsthemen aufkommen zu lassen als das rein Geschäftliche.

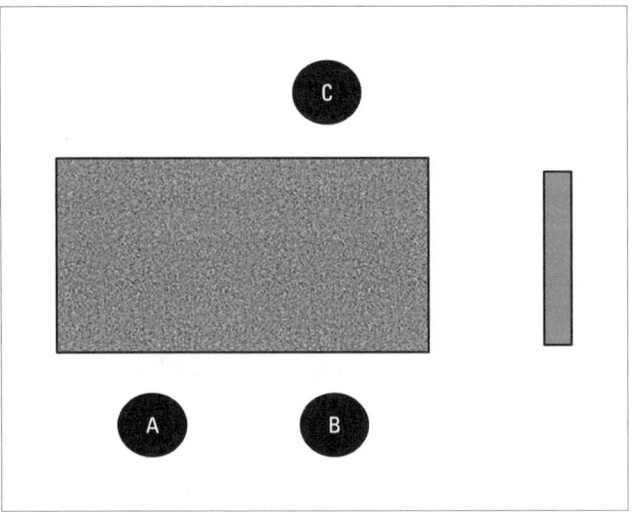

Abbildung 6.1: Berater mit Kundenehepaar

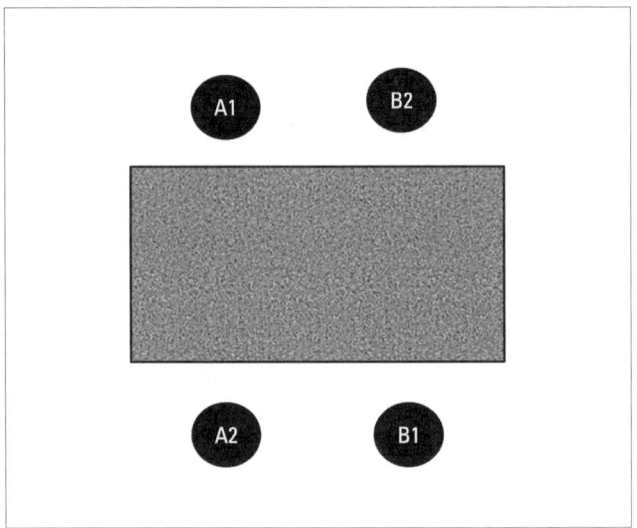

Abbildung 6.2: Zwei Geschäftspartner mit ihren Partnerinnen

Im dritten Beispiel (siehe Abbildung 6.3) speist die Teamleiterin (A) des einladenden Unternehmens gemeinsam mit dem Abteilungsleiter (B) der Partnerfirma sowie ihrem Mitarbeiter (C) und seiner Mitarbeiterin (D).

 Sie erinnern sich, dass es im beruflichen Kontext keine Reihenfolge der Geschlechter gibt. Somit »schützen« auch Frauen Männer!

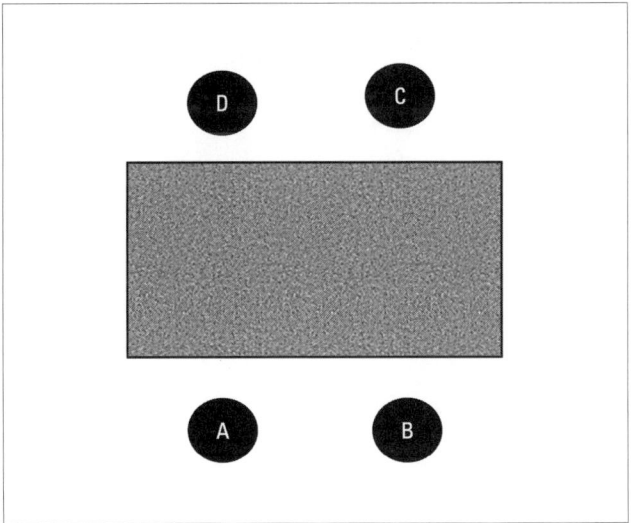

Abbildung 6.3: Geschäftsessen mit Hierarchien

Und nun noch ein letztes Beispiel (Abbildung 6.4). Der Bereichsleiter (G1) lädt mit seiner Frau (G2) sein 4-köpfiges Team mitsamt Begleitung ein. Die Ziffer »1« steht in diesem Bild für »Mann«, die Ziffer »2« für »Frau«. Ziel des Gastgeberpaares ist erneut, eine lockere, gemischte Unterhaltung in Gang zu bringen, ohne dass sich heimliche oder offene Allianzen bilden.

Abwechselnd finden sich Dame und Herr, die Einladenden sitzen sich gegenüber und können von ihren Positionen aus das Geschehen gut überblicken und gegebenenfalls eingreifen, wenn die Unterhaltungen ins Stocken geraten.

Natürlich gibt es noch unendlich viele weitere Beispiele und Sonderfragen. In der Regel können Sie sich mit den vier Abbildungen alle weiteren Situationen selbst erschließen. Haben Sie nur Mut!

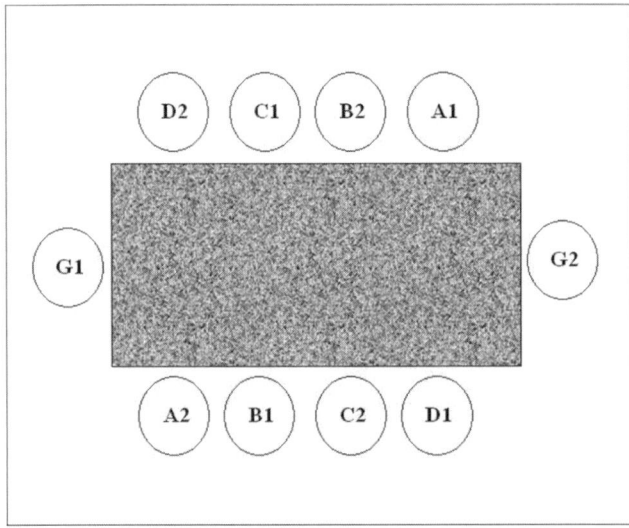

Abbildung 6.4: Teamrunde einmal anders

»Ich möchte bestellen!«

Diesen Satz müssen Sie hoffentlich nie in einem Restaurant weder als Gastgeber noch als Gast von sich geben. Der Service ist so aufmerksam und stellt fest, wann Sie Ihre Wahl getroffen haben.

Als Gast stecken Sie häufig genug in einer Zwickmühle, wenn sich der Gastgeber aus falsch verstandener Höflichkeit zurückhält und Ihnen bei der Wahl der Speisen den Vortritt lässt.

 Von selbst sollte der Gast niemals »vorpreschen«. Denn es kann nur zu unangenehmen Situationen führen, wenn der Gast Vor-, Haupt- und Nachspeise ordert, der Gastgeber jedoch lediglich einen leichten Sommersalat bestellt.

Der Gast sollte sich bei der Anzahl der Gänge, der Preislage etc. am Gastgeber orientieren können. Das ist auch im Sinne des Gastgebers, behält er doch so das Heft in der Hand. Doch wie gelingt das stilvoll, ohne mit der Tür ins Haus zu fallen, die da heißt, dass man am heutigen Tage nur im Rahmen eines gewissen Budgets spendabel ist?

Stellen Sie sich vor, Sie sind Gastgeber. Sie können sagen:»Als Vorspeise kann ich Ihnen Gazpacho ans Herz legen und als Hauptgang ist die Goldbrasse immer eine gute Wahl!« Das heißt jetzt nicht, dass jeder Ihrer Gäste genau diese Auswahl treffen muss. Vielmehr geben Sie in zweierlei Hinsicht Orientierung: 1. Ihre Gäste wissen, dass sie Vor- und Hauptspeise bestellen dürfen. 2. Die Preise der von Ihnen genannten Speisen liegen innerhalb des Budgets, also sollte der Gast etwas in der gleichen Preiskategorie auswählen. Es kann Ihnen weder als Gastgeber noch als Gast etwas passieren, wenn Sie sich an diese kleinen Richtlinien halten.

 Werden Sie dennoch von Ihrem Gastgeber aufgefordert, als Erstes eine Bestellung abzugeben, spielen Sie diesen Ball wieder elegant in seine Hälfte zurück:»Die Auswahl hier ist so fantastisch, ich kann mich wirklich nicht entscheiden! Was können Sie mir empfehlen?« Sollte auch das nicht den gewünschten Erfolg erzielen, können Sie immer noch sagen:»Ich schließe mich Ihrer Wahl an!« Dann muss der Gastgeber reden.

Nun zu den Getränken. Üblicherweise wird Wasser in großen Flaschen zum Essen gereicht. Das kann schon ausreichen, insbesondere dann, wenn niemand Alkohol trinken mag. Zumeist gibt es aber eine weitere Auswahl, die der Gastgeber bestimmt. Es liegt an ihm, sämtliche Softdrinks freizugeben oder auch bestimmte alkoholische Getränke.

Tut er das nicht, halten Sie sich bitte an das Wasser und dem vom Gastgeber dann unweigerlich zu bestellenden Wein.

 Bevor Sie gleich etwas zum Weinbestellen lesen, noch ein Hinweis: Heutzutage ist es durchaus erlaubt, auf alkoholische Getränke vollends zu verzichten. Sie müssen sich auch keinen Wein einschenken lassen, um am Zuprosten teilnehmen zu können. Die Gesellschaft und damit auch die Etikette sind da sehr viel offener geworden. So dürfen nicht nur Antialkoholiker auf den Wein verzichten!

Die richtige Weinauswahl ist dabei schon eine Kunst für sich. Nicht umsonst widmen sich ganze Bücher der Harmonie zwischen Speise und dem edlen Getränk. Gerade bei freier Speisenwahl kann es unübersichtlich werden. Im Zweifel verzichten Sie auf eine ganze Flasche, sondern greifen auf offene Weine zurück. Bitten Sie im Zweifel den Kellner um eine Empfehlung, sowohl für den offenen Wein als auch für eine gute Flasche.

In einem guten Restaurant gibt es auch teure Weine. Um zu vermeiden, dass zu Ihrem Essen die teuerste Flasche aus dem Keller geholt wird, können Sie wie folgt vorgehen: Nehmen Sie die Weinkarte und suchen Sie einen Wein, der Ihren Preisvorstellungen entspricht. Zeigen Sie auf diesen Wein und fragen den Kellner, was er von dieser Wahl halte. Der Kellner wird das Signal verstehen und Ihnen einen passenden Wein mit adäquatem Preis empfehlen.

Noch eine letzte Bemerkung zum Bestellen einer ganzen Flasche Wein: Es muss nicht der teuerste sein! Schließlich kommt es nicht auf den Preis, sondern auf den Geschmack an, und der muss zwingend das feine Essen unterstützen, nicht übertönen oder gar verzerren. Deshalb für den Weinamateur: Nutzen Sie die professionelle Hilfe des Service! Damit geben Sie sich keine Blöße, sondern wirken außerordentlich souverän.

 Sie brauchen ein Gefühl für die richtige Preislage? Dann merken Sie sich die Faustformel, dass der Wein ungefähr so viel kosten sollte wie der halbe Menüpreis.

Ein kleiner Exkurs zum Wein

Sie zu einem echten Weinkenner zu machen – wenn Sie nicht sogar schon einer sind –, kann nicht Ziel dieses Buches sein. Dazu empfehle ich Ihnen gerne die entsprechenden Bücher aus der ... *für Dummies*-Reihe, zum Beispiel *Wein für Dummies*.

Dennoch können Ihnen einige Kenntnisse von Nutzen sein. Zum Beispiel das Wissen um einige Fachbegriffe (nicht in alphabetischer Ordnung):

✔ Rebe (auch Rebstock): Das ist die Pflanze, an der die Trauben mit den einzelnen Beeren hängen.

✔ Phenole: Sie befinden sich in den Schalen der Beeren und liefern Farbe, einige Geschmacksstoffe und die für einen Rotwein unerlässlichen Gerbstoffe, die so genannten Tannine.

✔ Weinlese: also die Ernte. Je nachdem, wie früh die Lese stattfindet, unterscheidet man »Kabinett«, »Spätlese«, »Beerenauslese« und »Trockenbeerenauslese«.

✔ Mostgewicht: Damit wird der Zuckergehalt bezeichnet, der für den späteren Alkoholgehalt des Weines Verantwortung trägt. In Deutschland

finden Sie als Maßeinheit »Grad Öchsle«, in Österreich die Klosterneu-
burger Mostwaage (KMW).

✔ Qualitäts- und Prädikatsweine: In Tabelle 6.1 finden Sie die gängigsten
internationalen Güteklassen in aufsteigender Reihenfolge.

Deutschland	Frankreich	Italien	Spanien
Tafelwein	Vin de Table	Vino da Tavola	Vino de Mesa
Landwein	Vin de Pays	Incicazione Geografica Tipica (IGT)	Vino de la Tierra
Qualitätswein bestimmter Anbaugebiete (QbA)	Vin Délimité de Qualité Supérieure (VDQS)	Denominazione di Origine Controllata (DOC)	Denominación de Origen (DO)
Qualitätswein mit Prädikat (QmP)	Appelation d'Origine Contrôlée (AOC)	Denominazione di Origine Controllata e Garantita (DOCG)	Denominación de Origen Calificada (DOC)

Tabelle 6.1: Internationale Güteklassen

✔ Verkostung: Wie Sie einen Wein korrekt probieren, lesen Sie an späterer
Stelle.

✔ Dekantieren: Um einen – vorwiegend jungen – Rotwein für das Genießen mit Nase und Gaumen vorzubereiten, wird er in eine dickbauchige
Karaffe umgefüllt.

✔ Abgang: der Geschmack des Weins, der nach dem Schlucken spürbar ist.

✔ Bouquet: Können Sie riechen.

✔ Sommelier: Ist die offizielle Bezeichnung für den spezialisierten Weinkellner.

✔ Fehlton: Bezeichnet den Geschmack (meist Kork), der für die Ungenieß-
barkeit des Weins verantwortlich ist.

✔ Trinktemperatur: Hängt vom Wein ab (siehe Tabelle 6.2).

Wein	Optimale Trinktemperatur
Leichter Weißwein	8 bis 10° Celsius
Roséwein	10 bis 12° Celsius
Schwerer Weißwein	12 bis 14° Celsius
Junger, leichter Rotwein	14 bis 16° Celsius
Schwerer Rotwein	16 bis 18° Celsius

Tabelle 6.2: Der Wein und seine Trinktemperatur

Nicht umsonst habe ich zu Beginn dieses Exkurses auf die diversen weinspezifischen Veröffentlichungen hingewiesen. Bevor sich die Seiten mehr und mehr mit diesem göttlichen Getränk füllen, beende ich lieber den Exkurs. Denn Sie wollen ja weiterlesen und erfahren, welche Aufgaben noch auf Gast und Gastgeber zukommen.

Der Wein ist da

Nachdem Sie als Gastgeber den passenden Wein ordern konnten, wird nach nicht allzu langer Zeit der Service mit der noch geschlossenen Flasche zu Ihnen kommen. Nun zeigt er Ihnen zunächst das Etikett, mit dem er dokumentiert, auch den bestellten Wein gebracht zu haben.

 Nehmen Sie bitte als Gastgeber diese Aufgabe ernst. Es geht nicht darum, sich die Prädikate und Auszeichnungen des Weins einzuprägen. Überprüfen Sie lieber, ob Winzer, Rebsorte und Jahrgang mit Ihrer Bestellung übereinstimmen. Sollte sich hier ein Fehler eingeschlichen haben, monieren Sie dies bitte sofort!

Sobald Sie Ihr Einverständnis geben, öffnet der Kellner die Flasche, zeigt den Korken und schenkt Ihnen einen kleinen Schluck zum Probieren ein. Sie kontrollieren nun den Wein:

1. **Mit den Augen:** Befinden sich kleine Teilchen im Wein, die dort nicht hingehören?

2. **Mit der Nase:** Prüfen Sie das Bouquet. Können Sie schon einen Fehlton erahnen?

3. **Mit dem Gaumen:** Entdecken Sie einen Fehlton? Wie ist der Wein temperiert?

Nun haben Sie lediglich in zwei Fällen die Möglichkeit, den Wein zurückgehen zu lassen:

✔ Der Wein hat Kork, ist also ungenießbar.

✔ Der Wein hat (spürbar!) die falsche Temperatur.

Sollte Ihnen der Wein nicht munden, haben Sie keine Chance mehr. Das Thema »Geschmack« ist bei der Bestellung von Bedeutung gewesen, jetzt nicht mehr.

 Wenn Sie sich nicht sicher sind, dann können Sie den Kellner um Hilfe bitten: »Ich bin mir nicht ganz sicher. Wollen Sie einmal testen?« In der Regel wird der Kellner das nicht tun, sondern aus Wertschätzung Ihnen gegenüber direkt eine neue Flasche öffnen. Die Verkostung beginnt dann von vorn.

Haben Sie den Wein für gut befunden, füllt der Kellner zunächst die Gläser der Gäste, am Ende dann Ihres (also das Glas des Gastgebers). Getrunken wird aber noch nicht.

Denn der Gastgeber gibt das Signal, er trinkt den Wein an. Dazu erhebt er (oder sie) das Glas, schaut einmal in die Runde. Die Gäste tun es ihm gleich. Dann dürfen alle einen Schluck genießen, bevor das Herumschauen sich noch einmal wiederholt. Die Gläser werden nun wieder auf dem Tisch platziert.

 Streng genommen werden Sie bei Tisch keine Gläser mehr klingen hören. Das Anstoßen findet nicht mehr statt. Sollten Sie dennoch nicht darauf verzichten wollen, dann gehen Sie bitte so vor: Sie stoßen nur noch mit Ihren unmittelbaren Sitznachbarn an und maximal mit den drei Personen jenseits des Tisches. Dabei berühren sich die Gläser an der bauchigsten Stelle. Das sorgt dann für einen guten Klang.

 Wenn Sie komplett auf den Alkohol verzichten, erheben Sie beim Antrinken Ihr Wasserglas. Das Wasser selbst wird übrigens nicht angetrunken. Sobald es am Tisch serviert wird, können Sie sich davon bedienen.

Das Essen beginnen und beenden

Durchhalten! Bald haben Sie es geschafft, viele spezielle Regeln für Gast und Gastgeber gibt es nicht mehr zu beachten.

Der Service bringt das bestellte Essen und tischt auf. Alle Personen am Tisch verfallen jetzt aber bitte nicht in Hektik. Der Genuss muss noch einen kurzen

Augenblick warten, bis jeder seinen Teller oder seine Schale vor sich sieht. Und dann:

Jeder Gang sollte offiziell begonnen werden, und zwar so, dass alle Personen am Tisch zur selben Zeit mit dem Essen beginnen können. Hier kommt in der Etikette ausnahmsweise explizit das Geschlecht zum Tragen. Denn die Gastgeberin ist diejenige Person, die mit dem beherzten Aufnehmen des Bestecks und dem anschließenden huldvollen Blick in die Runde das allgemeine Speisen einleitet.

 »Guten Appetit!« Das hören Sie allerorten, dennoch ist es – streng genommen – weder für Gastgeber noch für Gast oder Service korrekt. Oder benötigen Sie den Appetit, um das Essen herunterzubringen?

Nun wird es spannend. Denn der Service wartet auf das Zeichen der Gastgeberin, bevor die leeren Teller, Schüsseln, Platten abgedeckt werden können. Die Gastgeberin beobachtet die Runde. Ist sie zu der Überzeugung gelangt, dass alle Gäste das Essen nicht nur unterbrochen, sondern abgeschlossen haben, legt sie ihr Besteck auf den Teller. Das geschieht in der Form »zwanzig nach vier« und signalisiert dem Service das Ende des Gangs.

 Die Bestecksprache kennt nur zwei Signale: »Ich mache Pause« und »Ich bin fertig.« Mehr dazu an späterer Stelle in diesem Kapitel.

Die Rechnung begleichen

Nach allem Essen und Trinken kommt irgendwann der unweigerliche Moment, in dem wieder einmal das Geld regiert. Der Gastgeber muss zahlen.

Sind Sie Gastgeber, ersparen Sie bitte Ihren Gästen dabei zuzusehen, wie Sie die Rechnung prüfen, bezahlen und dann noch Trinkgeld geben. Gehen Sie daher bitte zum Service (zum Beispiel zum Oberkellner) und zahlen Sie dort.

 Sie können das elegant einleiten, indem Sie dem Service Folgendes sagen:»Bitte bereiten Sie schon einmal die Rechnung vor, ich komme gleich zu Ihnen!« Wenn Sie das noch unbemerkt von den anderen Personen am Tisch hinbekommen, sind Sie schon Meister Ihres Fachs!

Im geschäftlichen Umfeld ist dabei der Einsatz einer (Firmen-)Kreditkarte durchaus üblich. Dem ist auch nichts entgegenzusetzen, siegt doch hier immer der Pragmatismus. Aber bitte nehmen Sie einen Hinweis an: Trinkgeld ist eine persönliche Anerkennung hervorragender Dienstleistungen. Deshalb zählt hier der Spruch »Nur Bares ist Wahres!« Dennoch sollte es möglich sein, auch das firmenintern – zum Beispiel über einen vielfach so genannten »Eigenbeleg« – wieder abzurechnen.

 Als Richtschnur für ein angemessenes Trinkgeld gilt in Deutschland, dass Sie ungefähr zehn Prozent des Rechnungsbetrages überreichen sollten. Das liegt aber völlig in Ihrem Ermessen und in Ihrer Bewertung der Service- und Küchenleistung.

Es ist übrigens nicht zwingend erforderlich, dass Sie überhaupt Trinkgeld geben. Im deutschen Sprachraum ist die Bezahlung des Personals in den Preis der Speisen und Getränke einkalkuliert. Trotzdem werden Sie in den meisten Fällen einen Obolus geben, und zwar:

✔ An Service und Küche, wenn beide Ihren Erwartungen zumindest entsprochen haben.

✔ Nur an die Küche, wenn der Service zu wünschen übrig ließ.

✔ Nur an den Service, wenn die Küche zu wünschen übrig ließ.

In den letztgenannten Fällen sollten Sie das auch sehr deutlich so sagen. Ob Ihr bares Trinkgeld am Ende dennoch in einer Gemeinschaftskasse von Küche und Service landet, muss Sie nicht interessieren.

Der Abschied

»Der erste Eindruck zählt, der letzte Eindruck bleibt!« Bleiben Sie sich also treu und beachten Sie auch noch beim Gang aus dem Restaurant die Etikette.

Da sich die Gäste mittlerweile fast heimisch fühlen, ist es nicht mehr notwendig, dass der Gastgeber beim Gang vom Tisch zur Tür vorangeht. Im Gegenteil darf er gerne den wertschätzenden Vortritt lassen und das Schlusslicht bilden.

Die Tür selbst kann er seinen Gästen aufhalten, so wie beim Betreten des Restaurants auch schon. Und ebenso wie beim Treffen vor dem Restaurant gilt auch jetzt noch die Gleichung, dass die Wertschätzung umso höher ist, je weiter der Gast begleitet wird. Also: Gönnen Sie sich einen zweiten Gang zum Parkplatz, um sich dort zu verabschieden.

Danke!

Und zum guten Schluss noch eine Verpflichtung für den Gast: Bedanken Sie sich bei Ihren Gastgebern für die Einladung, das exquisite Essen, den hervorragenden Wein, das außergewöhnliche Ambiente, die gelungenen Unterhaltungen.

Diese kleine Auflistung soll zeigen: Seien Sie bitte wieder einmal so konkret wie möglich! Auch den schon vom Small Talk bekannten Drei-Satz können Sie anwenden:

»Es war ein herrlicher Abend, herzlichen Dank speziell für die hervorragende Menü-Auswahl. Wir wollen uns dafür in naher Zukunft revanchieren. Ich wünsche Ihnen einen guten Heimweg. Auf Wiedersehen!«

Doch bei dem Dank an der Tür oder auf dem Parkplatz sollte es nicht bleiben. Nutzen Sie die nächsten Tage, um den Dank zu wiederholen. Im geschäftlichen Umfeld sollten Sie dazu die schriftliche Form nutzen. Eine Karte mit einigen Worten ist mehr als nur stilvoll!

 Auch hier sind handschriftlich verfasste Zeilen von noch höherem Wert als maschinengeschriebene. Sie sehen, es lohnt sich an vielen Stellen, die eigene Schrift so weit zu verfeinern, dass sie für die Mehrzahl der Leser »leserlich« ist.

Gedeck, Besteck und Gläser

Beim Umgang mit Gedeck, Besteck und Gläsern können Sie aufatmen: Hier gibt es keine speziellen Richtlinien für Ihr Verhalten als Gast oder Gastgeber. Stattdessen widmen wir uns typischen Elementen von »Knigge-Büchern«.

Da es in diesem Buch ja vorwiegend um den beruflichen Nutzen von Etiketteregeln geht, werde ich dieses und die folgenden Unterkapitel auf die aus meiner Sicht für Sie wesentlichen Elemente beschränken. Sie werden gleichwohl einen vollständigen Überblick erhalten.

Wie ein Platz korrekt eingedeckt wird

Ein Bild sagt manchmal mehr als tausend Worte. In Abbildung 6.5 sehen Sie einen klassisch eingedeckten Tisch.

Entscheidend ist die Ästhetik. Jedes Gedeck bei Tisch – der Fachmann spricht vom »Couvert« – ist identisch angeordnet und ausgerichtet. Akkuratesse und Symmetrie sind dann die passenden Stichworte.

 Wenn Sie selbst einen Tisch für Gäste eindecken, achten Sie darauf, dass die Mitte des Couverts – ein Platzteller hilft – mit der Mitte des davor stehenden Stuhles eine Linie bildet, die im rechten Winkel zur Tischkante steht.

Abbildung 6.5: Ein perfekt eingedeckter Tisch

Das Besteck

Schauen Sie nun bitte auf einen einzelnen eingedeckten Platz in der klassischen Variante (Abbildung 6.6) und danach auf das einfache Gedeck, das Sie in Abbildung 6.7 sehen.

Der Kenner sieht sofort: Hier wurde die IHK-Norm angewandt, die bei den gastronomischen Berufen gelehrt wird.

Grundsätzlich gilt, dass Messer und Löffel auf der rechten Seite des Platztellers eingedeckt werden. Dabei liegt der Löffel mit der nach außen gewölbten Seite auf dem Tisch, der Messer Schneiden weisen zur Tellermitte.

 Dass die scharfe Seite des Messers nicht nach außen zeigt, hat symbolische Bedeutung: »Schaut her, ich bin nicht auf Aggressionen aus!«

Die Unterkanten der Besteckteile liegen in einem Abstand von einem Zentimeter von der Tischkante entfernt. Ebenso verhält es sich mit dem Platzteller, dessen Rand die gleiche Entfernung aufweist.

Abbildung 6.6: Klassisches Gedeck

Auf der linken Seite des Couverts liegen die Gabeln, und zwar auf ihren Gabelrücken. Wie Sie insbesondere in Abbildung 6.6 sehen können, kommt auch bei den Gabeln der Ein-Zentimeter-Abstand zum Tragen. Sie bemerken jedoch eine Ausnahme: Die mittlere Gabel wird leicht nach oben verschoben, etwa um die Länge der Gabelzinken. Das ist aus Platzgründen durchaus praktisch.

Beim Einsatz des Bestecks existiert eine denkbar einfache Regel: Nutzen Sie die Besteckteile von außen nach innen! Sollten Sie besonderes Werkzeug – zum Beispiel eine Schneckengabel – für einen Gang benötigen, dann wird der Service dieses zur rechten Zeit eindecken.

Oberhalb des Couverts befinden sich Dessertgabel und Dessertlöffel. Sie werden vor dem Dessert vom Service an die Seite des Gedecks gezogen. Sie müssen das nicht selbst tun!

 »Er liegt über ihr!« So erklärte der Oberkellner im Seehotel Maria Laach seinen Gästen die Position des Dessertbestecks. Das klingt vielleicht ein wenig seltsam, ist aber eine Eselsbrücke für den Service beim Eindecken des Dessertbestecks. Also: Der Löffel liegt oben und weist nach links, die Gabel liegt unten und weist nach rechts.

Abbildung 6.7: Einfaches Gedeck

Besteck korrekt benutzen

Grundsätzlich wird die Gabel in der linken, das Messer in der rechten Hand gehalten. Jedoch ist man heute toleranter als früher und erlaubt beispielsweise Linkshändern nach Aufnahme des Bestecks den Handwechsel.

Alles, was in Ihrem Mund landen soll, wird mit der Gabel oder dem Löffel dorthin befördert. Bei der Gabel nutzen Sie generell die Zinken, Sie müssen es aber nicht dem konservativsten britischen Esser gleichtun und selbst einzelne Erbsen auf dem Gabelrücken balancieren.

Das Messer ist zum Schneiden da. Definitiv nicht zum (Er-)Stechen oder zum Schreiben – der so genannte »Bleistiftfehler«. Auch das Schieben von Speisen auf die Gabel mit dem Messer sollten Sie unterlassen, ebenso wie das Abstreifen der Schneide an der Gabel.

Außergewöhnliches Besteck

Für spezielle Speisen gibt es spezielles Handwerkszeug. In Abbildung 6.8 sind einige der gängigsten abgebildet.

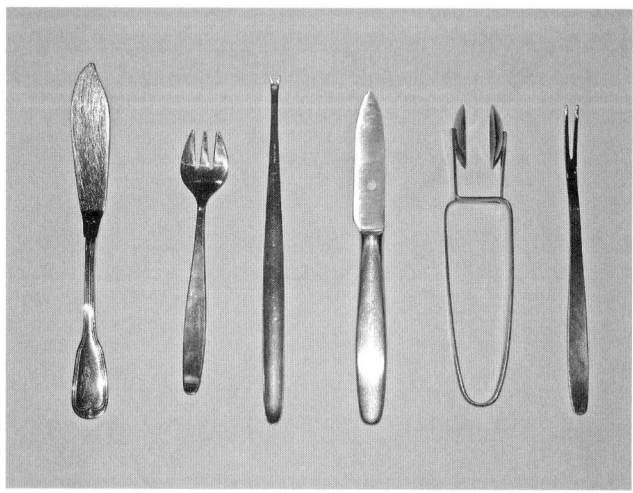

Abbildung 6.8: Spezielle Besteckteile

Von links nach rechts finden Sie:

✔ Fischmesser

✔ Austerngabel

✔ Hummernadel

✔ Krebsmesser

✔ Schneckenzange

✔ Schneckengabel

 Wenn Sie sich unsicher sind, wie Sie die einzelnen Gerätschaften benutzen müssen, werfen Sie entweder einen kurzen Blick in *Knigge für Dummies* oder fragen im Restaurant selbstbewusst den Service um Unterstützung!

Die Sprache des Bestecks

Es gibt nur zwei Nachrichten, die Sie mit dem Besteck senden können:

1. Ich mache eine Pause.

2. Ich bin mit dem Gang fertig.

Als Eselsbrücke stellen Sie sich eine Uhr vor, bei der Messer und Gabel die beiden Zeiger symbolisieren. Abbildung 6.9 und Abbildung 6.10 zeigen, wie beides perfekt aussieht.

Abbildung 6.9: »Zwanzig nach sieben«; ich mache Pause.

Andere Zeichen existieren nicht!

 Befindet sich das Besteck einmal in der Hand, wird es nicht mehr den Tisch berühren. Das bedeutet insbesondere, dass weder Messer noch Gabel in einer Art Brückenbau am Tellerrand abgelegt werden dürfen.

Brotteller und Fingerschale

In der Regel finden Sie auf der linken Seite des Couverts noch den Brotteller, dessen Mitte optimalerweise mit der Mitte des Platztellers eine Linie bildet, die sich parallel zur Tischkante befindet.

Auf dem rechten Rand des Tellers befindet sich das Brotmesser, dessen Spitze nach oben und dessen Schneide zur Tellermitte weist.

Abbildung 6.10: »Zwanzig nach vier«; ich bin fertig.

Manchmal ist auch eine Fingerschale eingedeckt, in der sich lauwarmes Wasser mit einer Zitronen- oder Limettenscheibe befindet. Diese Schale steht auf einem Teller, der zusätzlich mit einer Stoffserviette ausgestattet ist.

Das wird immer dann der Fall sein, wenn Sie Ihre Finger zum Essen einsetzen müssen, zum Beispiel wenn Sie Gambas in deren Panzer serviert bekommen.

Ihre Fingerspitzen können Sie nach getaner Arbeit in das Zitruswasser kurz eintauchen und dann an der Serviette abtrocknen.

Die Serviette

Und damit sind wir auch schon bei der Serviette. Sie ist häufig kunstvoll gefaltet und liegt zum Bestaunen auf dem Platzteller. Eine Alternative zur Stoffserviette gibt es im guten Restaurant nicht.

Staunen Sie nicht allzu lange, sondern entfalten Sie die Serviette, sobald Sie Platz genommen haben. Wenn Sie nun das quadratische Stück Stoff akkurat in der Mitte falten, können Sie es anschließend auf Ihrem Schoß drapieren.

Achten Sie darauf, dass die offene Seite zu Ihnen weist, das macht jetzt die Benutzung einfacher. Die Serviette wird – ausschließlich! – zum Abtupfen des Mundes benutzt. Alle anderen denkbaren Einsatzgebiete überlassen Sie bitte den täglichen Besuchern des Kindergartens.

Zum Abtupfen nehmen Sie die obere Hälfte der Serviette und führen die Innenseite zum Mund. Nach dem Gebrauch liegt die Serviette wie zuvor gefaltet auf Ihrem Schoß. Damit wird Ihrem Tischnachbarn der Blick auf das »Weggewischte« verwehrt.

Während des gesamten Essens bleibt die Serviette auf dem Schoß. Erst nach dem Dessert legen Sie sie locker, nicht gefaltet, auf der linken Seite des Gedecks ab.

 Ebenso verfahren Sie, wenn Sie während des Menüs einmal den Tisch verlassen müssen. Entdecken Sie bei Ihrer Rückkehr gar eine neue, saubere Serviette, haben Sie es mit einem sehr gut ausgebildeten Service zu tun!

Die Gläser

Zum Abschluss der Ausführungen zum Gedeck werfen wir noch einen Blick auf die Gläser. In der klassischen Variante finden Sie drei Gläser eingedeckt: zwei Weingläser und ein Wasserglas. Normalerweise sind ein Weißwein- und ein Rotweinglas eingedeckt.

Die Anordnung entspricht entweder dem »Orgelpfeifenprinzip« oder einem gleichseitigen Dreieck, dessen Spitzen von den Glasmitten gebildet werden.

 Sie wissen nicht genau, welches Glas bei welchem Gang zum Einsatz kommt? Dann orientieren Sie sich an dem Messer, das am Nächsten zum Teller liegt. Es ist erstens das Messer des Hauptgangs und wird zweitens auch »Richtmesser« genannt. Letzteres deshalb, weil das Hauptgangglas so ausgerichtet wird, dass es oberhalb der Spitze eben dieses Messers liegt, unabhängig vom Prinzip der Anordnung.

 Hier hört – leider? – die Toleranz, die beim Einsatz des Bestecks galt, auf. Getrunken wird immer aus der rechten Hand. Deshalb dürfen Sie auch nicht die Gläser auf der linken Seite des Gedecks neu arrangieren!

In Abbildung 6.11 finden Sie meine Ausführungen jetzt noch einmal bildhaft.

 Gläser mit Stiel werden immer am Stiel angefasst, wenn getrunken wird. Das gilt insbesondere für Wein- und Sektgläser. Das hat neben der Stilfrage auch einen praktischen Hintergrund. Greifen Sie Gläser am Kelch, so übertragen Sie Ihre Körperwärme auf das Getränk. Das ist dem Geschmack nicht förderlich!

Abbildung 6.11: Anordnung der Gläser

Das richtige Getränk

Trinken ist nicht nur für unser Überleben unabdingbar. Es ist auch elementarer Bestandteil der Tischetikette. Deshalb lohnt sich ein näheres Hinschauen auf die verschiedenen Getränke, die zu unterschiedlichen Zeitpunkten des Restaurantbesuchs kredenzt werden können.

Die nun folgenden Passagen gelten natürlich auch für den privaten Besuch in einem Restaurant sowie für das Bewirten von Freunden bei Ihnen zu Hause.

Der Aperitif

Der Aperitif soll den Abend glanzvoll eröffnen. Denn schließlich lässt sich der Begriff vom Lateinischen »aperire« ableiten, was »eröffnen« bedeutet.

Generell werden sowohl alkoholische als auch nicht-alkoholische Getränke angeboten. Das entspricht dem Zeitgeist! Die Hauptaufgabe des Aperitifs besteht also nicht mehr nur darin, ein Gespräch unter den Gästen mit dem sanften Mittel des Alkohols locker in Gang zu bringen. Viel eher soll er Appetit auf das anstehende Essen machen.

Anders ausgedrückt charakterisieren zwei Ansprüche den Aperitif:

✔ Er wird vor dem Essen getrunken.

✔ Er übt keinen geschmacklichen Einfluss auf das Essen aus.

Der Aperitif sollte zu Beginn des Essens ausgetrunken sein. Andernfalls geben Sie gerne den Rest in Ihrem Glas zurück. Beim Menü kommen direkt andere Getränke zum Einsatz, die mit den Speisen im harmonischen Einklang stehen. Bitte nicht das Glas »ex-en«!

Vom Aperitif sollten Sie unabhängig davon, wie sehr er Ihnen schmeckt, nicht mehr als zwei Gläser trinken. Warum auch? Der Abend hält ja noch weitere Getränke für Sie bereit!

Ein Aperitif sollte folgende Eigenschaften haben:

✔ trocken

✔ oder fruchtig

✔ oder bitteraromatisch

✔ und kühl

✔ und erfrischend

Zu viel Süße widerspricht dem Sinn des Aperitifs. Süße »verklebt« regelrecht die Geschmacksnerven und ist deshalb für den späteren Genuss der gereichten Speisen und Getränke kontraproduktiv!

Damit kommen die in Tabelle 6.3 aufgeführten Getränke als »Opener« infrage:

Alkoholische Aperitifs	Nicht-alkoholische Aperitifs	Situative Alternativen
Vermouth, Martini	Tomatensaft	Cocktails (keine süßen)
Bitter-Aperitifs, Campari	Bittere Säfte (Grapefruit)	Gekühlter Weißwein
Pernod	Fruchtschorlen	Gekühlter Roséwein
Sherry		Ein Glas Pils
Prosecco		

Tabelle 6.3: Vorschläge für einen Aperitif

Bieten Sie gerne frisch gepressten Orangensaft als antialkoholische Alternative an? Dann sollten Sie diesen mit einigen Spritzern ebenfalls frisch gepresstem Zitronensaft würzen, um die Süße der Orangen zu neutralisieren.

Weder Prosecco noch Champagner werden mit Orangensaft als Mischgetränk angeboten. Eher können Sie – gerade an heißen Tagen – einige Eiswürfel in das Glas geben.

Der richtige Wein zum richtigen Essen

Zwei grundsätzliche Hinweise haben Sie bereits gelesen:

1. Der Weinkellner hilft Ihnen bei der Auswahl des passenden Weins zum gewählten Essen.

2. Sie dürfen in der modernen Auslegung der Etikette gerne auf dieses alkoholische Getränk vollständig zugunsten des Wassers verzichten.

Unabhängig davon gestatten Sie mir einige Hinweise zur Wahl des richtigen Weins.

Bei einem Menü mit mehreren Gängen bietet sich eine wirklich professionelle Abfolge der Weine an:

✔ vom leichten zum schweren Wein

✔ vom jungen zum alten Wein

✔ vom weißen zum roten Wein

Das alleine wird dem wissenden Gast schon beweisen, dass Sie selbst nicht in völliger Unkenntnis der Weinregeln sind. Alles andere ist schon eher eine Frage des Geschmacks!

 Sie mögen gerne Rotwein zu Ihrem Fisch, Weißwein zum Steak? Auch wenn viele dazu die Nase rümpfen, prinzipiell spricht nichts mehr dagegen. Erlaubt ist, was schmeckt.

Natürlich passt der Riesling zum niederrheinischen Spargel mit Kartoffeln und Schinkenvariationen deutlich besser als der schwere Burgunder, den es im Jägerhaus zum Wildragout gibt. Doch probieren Sie gerne auch einmal exotisch anmutende Kombinationen.

Der Weinprofi richtet seine Wahl nach der Zubereitung des Essens aus, insbesondere nach der Sauce. Die Frage, welche Rebsorte der Koch beim Kochen benutzt hat, ist legitim, ermöglicht sie es sogar, zum Essen auf den gleichen oder einen sehr ähnlichen Wein zurückzugreifen.

 Nehmen Sie folgende Tipps mit auf Ihren Weg:

1. Süße Weine schwächen das Empfinden von Schärfe und Bitterkeit.

2. Fettreichere Mahlzeiten werden gut begleitet von säurehaltigen Weinen.

3. Tanninhaltige Weine und eiweißreiche Speisen korrespondieren gut.

4. Süßes und Salziges sollte dagegen nicht mit Tanninen kombiniert werden.

Kaffee oder Tee?

Das Essen ist vorbei und nun wird Ihnen vom Service zumeist die Frage gestellt, ob Sie noch einen Kaffee wünschen.

 Die oft gehörte, nicht unbedingt grammatikalisch richtige Frage »Kaffee, Cappuccino, Espresso, Milchkaffee?« zeigt leider wenig Kenntnis des Service. Ich nehme ihn aber gleich in Schutz: Denn nur zu oft lautet die Antwort: »Haben Sie auch einen Latte Macchiato?« Damit ist die Unkenntnis gleich verteilt. Ein im Übrigen typisch deutsches Phänomen! Hätte uns doch nur niemand diese multifunktionalen Kaffee-Vollautomaten erfunden!

Alle Getränke, die Milch oder Sahne enthalten, sind für den Abschluss eines vortrefflichen Menüs denkbar ungeeignet. Die zusätzliche Aufnahme von Fett – über die Milch oder die Sahne – wirkt negativ auf die Verdauung. Also lassen Sie es besser sein!

Beschränken Sie sich – wie unsere großen Kaffeevorbilder aus Bella Italia – auf einen einfachen schwarzen Kaffee oder einen Espresso. Damit beweisen Sie Stilsicherheit gegenüber den anderen Gästen bei Tisch und Mitgefühl gegenüber Ihrer Verdauung.

Der Tee ist eher unüblich. Es sei denn, Sie befinden sich in Ostfriesland. An allen anderen Orten können Sie auch direkt zum Digestif übergehen.

Der ostfriesische Tee

Ein kleines Abschweifen sei hier erlaubt. Denn der Genuss von Tee in Ostfriesland ist kulturelles Element einer ganzen Region, der auch die physiologischen Erläuterungen zum Verzicht auf Sahne ziemlich gleichgültig sind.

Wie genießen Sie einen ostfriesischen Tee richtig? Zunächst geben Sie die losen Teeblätter in eine entsprechende Kanne und übergießen sie mit sprudelnd heißem Wasser. Dann darf der Tee gute vier Minuten ziehen, wobei die Kanne auf einem so genannten »Stövchen« warm gehalten wird.

In die typische, verhältnismäßig kleine Ostfriesenteetasse platzieren Sie dann ein »Kluntje«, ein großes Stück Kandis. Darüber gießen Sie den Tee. Zum Schluss legen Sie Sahne auf den Tee und zwar mit einem winzigen Löffelchen entgegen dem Uhrzeigersinn. Damit halten Sie symbolisch die Zeit an. Bitte rühren Sie nicht um!

Den Tee genießen Sie nun in drei Schlucken. Mit dem ersten Schluck nehmen Sie die Sahne mit auf. Sie soll sättigen. Der zweite Schluck bietet Ihnen den voll-herben Geschmack des Tees – der Hauptgang. Und der dritte und letzte Schluck ist wegen des sich langsam auflösenden Kandis eine Art Dessert und recht süß.

Man kann schon fast von einer Teezeremonie sprechen!

Der Digestif

Nach oder mit dem Kaffee wird gern ein immer alkoholischer Digestif gereicht. Er dient der Verdauungsförderung. Das Angebot ist umfangreich:

✔ Obst- und Weinbrände

✔ klare Schnäpse

✔ Kräuterbitter

✔ Liköre

✔ Rum

✔ Portwein

✔ Whiskey

 Zwar ist der Inhalt des Glases auf zumeist zwei Zentiliter (2 cl) beschränkt, dennoch sollten Sie sich Zeit zum Genießen geben. Nehmen Sie zunächst in der Gemeinschaft des Tisches wie beim Antrinken des Weines einen kleinen Schluck. Danach können Sie nach eigenem Ermessen das Glas vollends leeren, aber bitte nicht, indem Sie den Restinhalt in den vor Ihnen stehenden Kaffee gießen!

Das Menü genießen

Nun haben Sie schon über die Rollen von Gast und Gastgeber gelesen, über das korrekte Eindecken und die Benutzung von Besteck und Serviette. Und Sie wissen einiges mehr über die richtigen Getränke. Es wird Zeit, dass wir uns den Speisen widmen, sowohl deren Zusammenstellung als Menü als auch dem handwerklichen Element des Verzehrs.

Menüzusammenstellung

Es existieren die verschiedensten Menüfolgen. In Restaurants der mittleren und unteren Kategorie werden Sie tendenziell auf 3-Gang-Menüs treffen, die sich aus Vor-, Haupt- und Nachspeise zusammensetzen.

Haben Sie für sich und Ihre Geschäftspartner in einem Lokal der gehobenen Kategorie ein exklusives Menü zusammenstellen lassen, können Sie von bis zu acht Gängen ausgehen. Die Reihenfolge der servierten Speisen hat ihren Ursprung – wo sonst? – in Frankreich:

1. Vorspeise

2. Suppe

3. Krustentiere

4. Zwischengericht mit Fisch

5. Zwischengericht mit Fleisch

6. Hauptspeise

7. Käse

8. Dessert

In Ordnung, nicht jeder hat so viel Zeit und Lust, sich mit einer solchen Zahl von Speisen zu befassen. Gerade im beruflichen Umfeld ist das eine wahre Herausforderung. Wenn Sie es trotz allem ein wenig edler haben möchten, lassen Sie einfach auf vier Gänge reduzieren:

1. Vorspeise

2. Suppe

3. Hauptspeise

4. Käse oder Dessert

Was auch immer Sie wählen, Sie werden es sich munden lassen. Das insbesondere dann, wenn Sie sich sicher sind, wie Sie die einzelnen Speisen essen. Darum soll es auf den letzten Seiten dieses Kapitels gehen.

Brot und Butter

Brotteller und -messer, die Sie schon bei der Eindeckung des Tisches kennen gelernt haben, sind nicht als Dekoration gedacht. Brot und Butter werden unmittelbar vor oder direkt nach der eigentlichen Bestellung serviert.

 Das Brot sollte Ihnen nicht zur Sättigung dienen. Es soll jedoch den ersten Hunger stillen, um Ihnen den Genuss des eigentlichen Menüs zu ermöglichen. Also: Greifen Sie beherzt zu, aber nicht zu umfangreich!

 Ein gutes Restaurant erkennen Sie zum Beispiel auch daran, dass selbst gebackenes Brot serviert wird. Statt hausgemachtem Quark oder einer Streichwurst aus eigener Herstellung wird ausschließlich Butter – vielleicht eine leicht gesalzene – aufgetischt.

Korrekt genießen Sie das Brot wie folgt:

1. Sie nehmen mit dem Messer ein wenig Butter auf und legen diese auf Ihrem Brotteller ab.

2. Sie nehmen eine Scheibe Brot und legen sie ebenfalls auf dem Brotteller ab.

3. Sie brechen ein mundgerechtes Stück Brot ab.

4. Sie bestreichen dieses Stück mit ein wenig Butter.

5. Das bestrichene Brot führen Sie zum Mund.

Einfach, oder nicht?

Vorspeisen

Schauen wir uns nun in gebotener Kürze einige Vorspeisen an und beantworten dabei die Frage, wie Sie sie korrekt zu sich nehmen.

Die Suppe

Suppen können in Tassen oder Tellern aufgetischt werden. Die Suppe wird mit dem Löffel in der rechten Hand genossen. Ihre linke Hand ruht währenddessen locker auf dem Tisch.

Den Löffel sollten Sie nicht bis zum potenziellen Überlaufen füllen, denn der Weg zum Mund ist weit. Die Löffelspitze findet als Erstes Ihren Mund.

 Immer noch gilt: Löffel und Gabel werden zum Mund geführt, nicht umgekehrt!

 Ist die Suppe auch noch so heiß: Ein Pusten zum Herunterkühlen ist streng genommen nicht korrekt.

Ist die Suppe im Teller serviert worden, wird immer ein Rest auf diesem zurückbleiben. Kippen ist nicht gestattet.

Bei einer Suppentasse können Sie unter nachfolgenden Voraussetzungen den Suppenrest trinken, wenn Sie die Tasse mit der linken Hand an ihrem Henkel anfassen und zum Mund führen. Die Voraussetzungen:

1. Die Suppe ist eine klare Brühe, die Einlagen sind bereits verzehrt.

2. Die Tasse besitzt einen Henkel.

Der Salat

Hier kommen Messer und Gabel zum Einsatz. Wie schon erwähnt, gehen Sie ja beim Einsatz des Bestecks von außen nach innen vor.

Geschnitten wird der Salat dennoch grundsätzlich nicht. Selbst große Salatblätter entgehen diesem Schicksal. Das Besteck unterstützt Sie dabei, den Salat in eine mundgerechte Form zu »falten«. Das bedingt eine gewisse Fingerfertigkeit.

In weniger konservativen Kreisen dürfen Sie aber mittlerweile das Messer zum Schneiden des Salats nutzen.

 Achten Sie auf Ihre Tischgenossen. Passen Sie sich an, im Zweifel ist für Sie der konservativste Esser das Vorbild für Ihr eigenes Verhalten.

Nudeln

Besonders beliebt: Spaghetti al pesto! Perfekt hergestellt und serviert, ein oftmals gern gesehener – und gegessener – Genuss.

Korrekt werden Spaghetti lediglich mit der Gabel in Ihrer rechten Hand gegessen. Ein Löffel kommt nicht zum Einsatz, auch wenn er gerade in Deutschland sehr häufig zusätzlich gereicht wird.

Sie drehen die Menge Nudeln auf die Gabel, die Sie problemlos in Ihren Mund führen können. Dazu führen Sie einige Nudeln aus der Tellermitte zum Tellerrand und drehen sie dort auf die Zinken.

Gambas und ähnliche Tiere

Ist eine Fingerschale – englisch Fingerbowl – eingedeckt, können Sie sich schon auf diese herrliche Vorspeise freuen, bei der allerdings ein wenig handwerkliches Geschick erforderlich ist.

Drehen Sie zunächst den Kopf des Tieres ab und legen ihn beiseite. Dann öffnen Sie mit den Fingern den Panzer vom Fleisch beginnend auf der Bauchseite. Im Zweifel entfernen Sie noch den Darm.

Ob Sie nun das Fleisch mit der Hand in den Mund führen oder nach dem Einsatz der Fingerbowl mit dem Besteck verzehren, bleibt Ihnen überlassen.

Hauptspeisen

Nachdem Sie sicher die Untiefen der Vorspeisen umschifft haben, wenden wir uns jetzt den Hauptspeisen zu. Dabei werde ich nicht vollständige Gerichte diskutieren, sondern einzelne Elemente näher betrachten, die Ihnen häufiger begegnen können. Ausführlichere Anleitungen finden Sie in *Knigge für Dummies*.

Kartoffeln und Klöße

Beides gilt in kulinarischen Kreisen als Sättigungsbeilage. Dennoch lohnt es sich, beim Verzehr sorgfältig zu sein.

Gerade konservative Esser werden Ihnen elegant und sicher vormachen, wie Klöße und Kartoffeln lediglich mit der Gabel genossen werden. Brechen Sie beide Speisen, verzichten Sie so weit möglich auf das Schneiden.

 Erscheint Ihnen das zu kompliziert? Probieren Sie es trotzdem, denn es dient Ihrem Genuss. Eine durch Brechen entstandene Oberfläche ist deutlich größer als eine durch Schneiden entstandene. Damit kann sie auch mehr Sauce aufnehmen; und wir werden uns einig sein, dass gerade die Saucen ein Essen essenswert machen.

Im Übrigen gilt diese Regel nicht nur für diese Beilagen, sondern prinzipiell auch für jedes Gemüse, das Ihnen gereicht wird.

Ein weiterer Wasserbewohner: Der Fisch

Das Fischmesser ist kein Messer, das zum Schneiden benutzt wird. Daher ist die Scheide auch eher stumpf. Dennoch ist es ein nützlicher Gehilfe, wenn Fisch mit Kopf, Haut, Schwanz und Gräten serviert wird. So filetieren Sie ihn richtig:

1. Ziehen Sie die Rückenflosse ab.

2. Ziehen Sie die Bauchflosse ab.

3. Schneiden Sie den Fisch kurz hinter dem Kopf (Scheitel) ein.

4. Heben Sie die Haut von der oberen Hälfte des Fisches ab.

5. Schieben Sie die beiden Filets von den Mittelgräten nach oben beziehungsweise nach unten weg.

6. Heben Sie die vollständige Gräte mit Kopf und Schwanz ab und legen Sie sie beiseite.

Achten Sie auch weiterhin auf versteckte einzelne Gräten. Haben Sie dennoch einmal eine im Mund, so gilt:»Wie hinein, so auch hinaus!« Stecken Sie also nicht die Finger in den Mund, sondern isolieren Sie elegant die Gräte mit der Zunge und befördern Sie sie dann auf die Gabel.

 Fühlen Sie sich mit dem Filetieren überfordert, dann bitten Sie den Service um Unterstützung!

Geflügel

Sie ahnen es bereits: Messer und Gabel kommen auch hier zum Einsatz! Beschränken wir uns auf das gängigste Geflügel: das Hähnchen – manchmal auch als »Stubenküken« verklausuliert.

Entfernen Sie zunächst Flügel und Schenkel vom restlichen Körper. Dehnen Sie dazu mit der Gabel die Extremitäten vom Korpus weg. Das Messer kann dann die Gelenke durchtrennen.

Die Brust filetieren Sie, indem Sie das Messer am Brustbein entlangführen und dann das Fleisch abziehen.

Befinden sich Papiermanschetten an der Stelle, wo zu Lebzeiten des Geflügels einmal die Füße waren, können Sie nach dem Einsatz von Messer und Gabel den Schenkel dort anfassen und Fleischreste vom Knochen nagen. Das wird Ihnen in Sternerestaurants allerdings eher selten möglich sein.

Spargel

Erlauben Sie mir als Niederrheiner gerade zu diesem Gemüse einige Zeilen zu schreiben. Damit endet auch gleich der Unterabschnitt zur Hauptspeise.

Der Spargel wird in der Regel so auf dem Teller angerichtet, dass er Ihnen am nächsten liegt mit den Köpfen nach links.

 Zum Spargel essen Sie am besten junge Kartoffeln, Schinkenvariationen und zerlassene Butter oder Sauce hollandaise. Dazu trinken Sie einen leichten, trockenen Riesling!

Bissfester Spargel wird mit der Hand gegessen! Sie greifen das Ende mit Daumen und Zeigefinger der rechten Hand. Die Gabel in der linken Hand stützt die Stange. Nun tauchen Sie den Spargelkopf in die Sauce und führen den Spargel danach zum Mund.

Ohne Fingerschale mit Zitronenwasser sollten Sie diese Vorgehensweise jedoch nicht wählen. Greifen Sie dann doch zum Messer und schneiden Sie den Spargel vom Kopf beginnend. Gleiches gilt immer für nicht bissfesten Spargel.

Zum guten Schluss: Die Nachspeise

Sie erinnern sich? Vor dem Servieren des Desserts zieht der Service Gabel und Löffel vom oberen Rand des Gedecks auf dessen Seite. Wird Obst serviert, erhalten Sie noch ein Obstmesser. Bevorzugen Sie es deftig und wählen Käse zum Abschluss, werden Sie ebenfalls ein entsprechendes Schneidewerkzeug erhalten.

 Mögen Sie es süß UND deftig, dann wählen Sie zunächst den Käse und danach das Dessert.

Zunächst zum Käse, der von Brot begleitet wird. Benutzen Sie Messer und Gabel, Sie können auch ein kleines Stückchen Käse auf das Brot befördern und dann abbeißen.

Eis, Mousse, Joghurt und Speisen ähnlicher Konsistenz essen Sie unabhängig vom Dessertbesteck immer und ausschließlich mit dem Löffel. Spannend ist es, wenn Sie prinzipiell sowohl Gabel als auch Löffel benutzen könnten.

In diesen Fällen sollten Sie die grundsätzliche Entscheidung treffen, welches Besteckteil zur »Stabilisierung« oder »Fixierung« der Speise dienen soll und welches zum tatsächlichen Essen. Dieser Entscheidung sollten Sie treu bleiben. Beispielsweise können Sie pochiertes Obst mit der Gabel festhalten. Mit dem Löffel schneiden Sie dann regelrecht das Fruchtfleisch herunter und führen es auch mit diesem Löffel zum Mund.

Frisches Obst – zum Beispiel Erdbeeren – wird oftmals mit einer Schale kalten Wassers und mit kleinen Schüsselchen Zucker dargeboten. Mit dem Wasser benetzen Sie die Frucht, so dass beim anschließenden Eintauchen in den Zucker maximale Haftung gewährleistet ist.

 Frische Kirschen werden auch mit der Hand gegessen. Befördern Sie die unweigerlichen Kerne unauffällig in die hohle Hand und von dort auf den Teller.

Damit soll es aber auch genug sein. Sicherlich gibt es unendlich viele weitere Fragen zum korrekten Essen gerade exotischer Speisen. Doch seien wir ehrlich: Wie häufig kommt das in Ihrem Berufsalltag vor? Deshalb verzeihen Sie bitte die potenzielle Unvollständigkeit!

Teil III

Etikette für Fortgeschrittene

The 5th Wave

By Rich Tennant

»Anscheinend hat Ihnen niemand etwas zu unserem
Dresscode gesagt. Wir tragen hier keine Krawatten.«

In diesem Teil ... werde ich Sie mit ausgewählten Themen bekannt machen, die über den alltäglichen Gebrauch der Business-Etikette hinausgehen.

Wir wenden uns zunächst dem Thema »Veranstaltungen« zu. Keine Panik: Ich möchte Sie weder zum professionellen Event-Manager, geschweige denn zum Wedding Planner ausbilden. Vielmehr lohnt sich der Blick auf professionell durchgeführte Veranstaltungen vor einem rein betriebswirtschaftlichen Hintergrund: Wie können Sie Kunden-Veranstaltungen gezielt zum Nutzen Ihres Unternehmens einsetzen? Die Etikette hilft Ihnen dabei!

Auch wenn sich dieses Buch mit der deutschsprachigen, vielfach auch rein deutschen Etikette befasst, bin ich mir sehr wohl darüber klar, dass Sie in einer globalisierten Welt auch mit ausländischen Umgangsformen konfrontiert werden. Daher schauen wir uns die gängigsten Regeln aus vielen Teilen der Welt an, damit Sie nicht nur als Tourist, sondern insbesondere beruflich Reisender zumindest grundsätzlich ausgestattet sind.

Weiterhin also viel Vergnügen beim Lesen!

Veranstaltungen planen und durchführen

7

In diesem Kapitel

▶ Checklisten zur professionellen Planung von Events

▶ Korrektes Verhalten gegenüber Kunden in diesem speziellen Fall

▶ Wertschätzung von der Einladung bis zur Verabschiedung

▶ Tipps und Tricks zur gelungenen Akquisition

*W*enn Sie beruflich mit Kunden zu tun haben, werden Sie diese Situation bestens kennen: Zur Erhöhung der Kundenbindung und vielleicht sogar als Mittel zur Neukundengewinnung greifen viele Unternehmen auf mehr oder weniger große und mehr oder weniger exklusive Veranstaltungen zurück. Ihr Unternehmen auch?

Dabei muss man sehr oft den Eindruck gewinnen, dass gut gewollt leider nicht immer gut gekonnt bedeutet. Ganz im Gegenteil scheint mit der Routine auch eine gewisse Fahrlässigkeit Einzug zu halten. Dabei meine ich keinesfalls, dass nicht jeder aktiv Beteiligte sein oder ihr Bestes versucht.

Doch der Kunde erwartet auch nichts weniger als das Beste. Insofern lohnt es sich, gerade aus dem Blickwinkel der Etikette noch einmal genauer hinzusehen. Was können Sie tun, damit sich Ihre Kunden wohlfühlen, und zwar von der ersten bis zur letzten Minute? Was können Sie tun, damit es in Ihrem Kollegenkreis nach einem Veranstaltungsabend nicht heißt: »Außer Spesen nichts gewesen«?

Veranstaltungen sind kein Selbstzweck, sondern geraten immer mehr unter die betriebswirtschaftliche Betrachtung des »Return on Investment«. Das sollte Ihnen immer bewusst sein, sei es als Planer einer Veranstaltung oder als Vertreter Ihres Unternehmens vor Ort.

 Es ist in jedem Fall empfehlenswert, Profis zur Organisation einer Veranstaltung hinzuzuziehen. Aber gerade das ist eine echte Investition, die sich im Nachgang lohnen muss. Nicht nur der Rahmen oder der Vortrag oder das Essen muss stimmen. Auch die Einstellung Ihrer Mitarbeiter und Kollegen sollte perfekt sein. Eine fast schon generalstabsmäßige Vorgehensweise ist unerlässlich!

Gut organisiert ist halb gewonnen!

»Lasst uns mal wieder eine Kundenveranstaltung machen!« So schallt es in diversen Meetings von Dienstleistungsunternehmen durch den Raum, wenn es um Kundenbindung und Neukundengewinnung geht. Ein Allheilmittel. Danach kommt wieder Routine: Keiner will organisieren, kaum einer will sich Gedanken über die professionelle Durchführung machen. Einige denken sogar schon darüber nach, welchen Grund sie vorschieben können, um »nicht schon wieder« einen Abend fernab der Familie verbringen zu müssen.

Das muss und sollte so nicht sein. Veranstaltungen sind zweifellos für die Einladenden anstrengend, schließlich handelt es sich ja auch um Arbeitszeit. Gleichzeitig gibt es kaum ein schöneres Gefühl, als wenn Ihr Kunde am Tag nach einem Event sich bei Ihnen meldet und Ihnen ganz persönlich dafür dankt, dabei gewesen sein zu dürfen.

Den ersten Schritt dahin können Sie schon mit der guten Vorbereitung machen.

Checkliste zur Vorbereitung

Vielleicht geht es Ihnen jetzt zu weit, dennoch gebe ich Ihnen eine kurze Checkliste an die Hand, mit der Sie gut gerüstet sind, wenn Sie eine Veranstaltung vorbereiten sollen.

Worüber Sie sich also Gedanken machen sollten (unter anderem):

✔ Ziel der Veranstaltung

✔ Thema der Veranstaltung

✔ Termin

✔ Location

✔ Anzahl der Gäste und Mitarbeiter

✔ Catering

✔ Rahmenprogramm

✔ Ablaufplan

✔ Einladung

✔ Mitarbeiterbriefing

Mit Sicherheit ist diese Auflistung nicht vollständig. Aus meiner Sicht sind Sie aber schon gut vorbereitet, wenn Sie zu allen Punkten eine passende Antwort haben. Den Rest übernimmt vielleicht ein professionelles Event-Management?

Das Ziel der Veranstaltung

Setzen Sie sich in den ersten Momenten der Planung mit der konkreten Zielsetzung Ihrer Veranstaltung auseinander. Dazu kann die Frage dienen: Wann ist in der Nachbetrachtung die Veranstaltung ein Erfolg gewesen? Zum Beispiel wenn

✔ Kunden Ihnen überwiegend positives Feedback zu der Veranstaltung geben

✔ sich die Verkaufszahlen des vorgestellten Produktes verbessern

✔ Termine für weiterführende Gespräche vereinbart wurden

✔ Neukunden gewonnen werden konnten

Das Wichtigste dabei: Jedes dieser Ziele kann messbar gemacht werden. Keine Angst vor Zahlen, schließlich dient das Eventbudget Ihres Unternehmens nicht rein karitativen Zwecken.

 Nur allzu häufig haben Mitarbeiter, aber auch Führungskräfte eine tolle Themenidee, die unbedingt in einer Veranstaltung münden soll. Beharren Sie – eloquent, nicht stur – darauf, dass Sie eine konkrete, messbare Zielsetzung formulieren. Widerstand ist Ihnen gewiss, der Erfolg wird Ihnen aber recht geben!

Thema der Veranstaltung

»Der Wurm muss dem Fisch schmecken, nicht dem Angler!« Ein weiser Spruch, der auch in diesem Fall seine besondere Berechtigung hat.

Machen Sie sich ernsthaft Gedanken darüber, was Ihre Kunden und potenziellen Neukunden interessiert. Hilfreich sind Unterhaltungen mit denjenigen Kollegen, die regelmäßigen und direkten Kontakt zur Zielgruppe haben. Filtern Sie ein relevantes Thema heraus.

Danach beginnt die eigentliche Arbeit: Suchen Sie eine bestimmte Facette in dem relevanten Themenbereich aus. Etwas, das ansprechend ist und auch als Überschrift für die Einladung geeignet ist. Kurz: ein Interessewecker.

Nichts ist schlimmer als das gleiche Thema anzubieten wie Ihre Konkurrenz einige Wochen zuvor! Deshalb ziehen Sie Erkundigungen ein, was bei Ihren Mitbewerbern angeboten wird. Sie brauchen Ihr Alleinstellungsmerkmal!

Termin

Eine Veranstaltung innerhalb der letzten fünf Wochen vor Weihnachten anzubieten, ist nicht sonderlich weitblickend, es sein denn, es handelt sich um ein organisiertes »Tannenbaumschlagen«.

Legen Sie einen Termin fest, der passend zum Thema ist. Zugleich sollte er Ihnen die Möglichkeit zur weiteren Vorbereitung geben und auch Ihrer Kundschaft genügend Zeit, sich dafür Freiraum zu nehmen.

Vier bis sechs Wochen vor dem Event sollten Sie die Einladungen versenden können.

 Gehören Veranstaltungen zu Ihrem Standard? Dann bietet sich eine Ganzjahresplanung an. Darin können und sollen Sie die diversesten Feiertage berücksichtigen oder auch nutzen. Auch ein Blick in den regionalen oder bundesweiten Ferienkalender kann nicht schaden. Ist Ihre Klientel eher jünger, müssen Sie von schulpflichtigen Kindern ausgehen!

 Naheliegend und empfehlenswert ist es, wenn Sie Themen und Durchführungsarten Ihrer Veranstaltungen mit den Jahreszeiten verbinden. Hier ist Ihre Kreativität gefragt.

Location

Wo werden Sie Ihre Gäste empfangen? Das hängt natürlich mit dem Thema und dem Termin zusammen. Achten Sie aber bitte auch darauf, dass der Veranstaltungsort Ihre Zielsetzung unterstützt.

Bei der Wahl sollten Sie einige Dinge beachten:

✔ Ist der Anbieter der Location erfahren?

✔ Gibt es in Ihrem Unternehmen oder bei Bekannten Erfahrungen mit diesem Ort?

✔ Wie gut ist der Ort für Sie und Ihre Kunden zu erreichen?

✔ Im Falle von »Open Air«: Welche Alternativen gibt es bei Regen?

✔ Welche Ausstattung hat der Anbieter vor Ort (Technik, Catering, Personal)?

Führen Sie diese Liste gerne fort, es wird Ihnen bei der rechten Wahl nützlich sein!

 Es muss nicht immer gut sein, wenn Ihr Anbieter ungemein gefragt ist. Erstens ist er vielleicht teurer als vergleichbare Locations. Zweitens ist er – weil er meint, er könnte sich das leisten – vielleicht weniger aufmerksam. Und drittens: Achten Sie unbedingt darauf, dass Sie die einzige Veranstaltung an dem fraglichen Tag zur vereinbarten Zeit sind!

Anzahl der Gäste und der Mitarbeiter

Hier gibt es durchaus eine Korrelation. Nicht nur zwischen der Anzahl der Gäste und derjenigen der Mitarbeiter Ihres Unternehmens, sondern auch zwischen der Art der Veranstaltung und der Anzahl der Teilnehmer.

 Was ich hier nicht meine, ist die Stärke des Servicepersonals. Überlassen Sie das dem Caterer oder dem Anbieter des Veranstaltungsortes. Gleichwohl müssen diese beiden natürlich Kenntnis von der Gesamtzahl aller Anwesenden haben!

Überlegen Sie zunächst, ob Ihr Event Großformat haben soll, getreu dem Motto »Viel hilft viel!« Das kann bei großen Vortragsreihen, Empfängen oder Konzerten zur Kundenbindung der Fall sein.

In diesem Beispiel genügt sicherlich ein Mitarbeiter Ihres Unternehmens auf zehn Gäste, um dem Anspruch gerecht zu werden, dass mit jedem Kunden oder potenziellen Neukunden gesprochen wurde.

Wollen Sie dagegen in kleinem Kreise dinieren oder Wein als Geldanlage während einer Verkostung diskutieren, dann sollte das Verhältnis maximal vier zu eins sein. Gerade wenn Sie an gedeckten Tischen sitzen, sollten Ihre Mitarbeiter und Kollegen Tuchfühlung halten können.

 Achten Sie auf die Arbeitszeiten der teilnehmenden Mitarbeiter. Das sage ich nicht, weil ich Betriebsrat wäre. Aber genau der hat die wichtige Aufgabe, keine über das genehmigte Maß hinausgehende Arbeitszeit zu tolerieren. Melden Sie frühzeitig die teilnehmenden Mitarbeiter, im Zweifel lieber einen mehr als eine zu wenig.

Catering

Wenn es nicht gerade eine Veranstaltung mit eigenem Kochen ist – so genannte Koch-Events erfreuen sich ja zunehmender Begeisterung –, sollten Sie sich an einen Caterer wenden, dem Sie es zutrauen, Ihren Ansprüchen zu genügen.

Doch was sind Ihre Ansprüche, oder besser: Was sind die Ansprüche Ihrer Kunden?

Auch das sollten Sie im Zusammenhang mit dem Thema und dem Ziel des Abends (der Einfachheit halber schreibe ich im Weiteren von Abenden) sehen. Eine exklusive Einladung für ausgewählte Top-Kunden bedingt sicherlich schon eine Nähe zur Sterne-Küche, das zuvor schon erwähnte Weihnachtsbaumschlagen wohl eher einen deftigen Eintopf.

Und dann kommen noch die Getränke dazu: Welche Aperitifs wollen Sie reichen, sollte der Abend thematisch einen bestimmten Wein bedingen, wie breit wollen Sie das alkoholische und nicht-alkoholische Angebot fassen?

Und bislang haben wir uns noch nicht um vermeintliche Vorlieben oder Abneigungen Ihrer Gäste gekümmert. Sie sehen, das kann eine Wissenschaft für sich werden. Deshalb:

 Im beruflichen Umfeld sollten Sie sich nicht auch noch mit den Untiefen des Caterings belasten. Nutzen Sie die Erfahrung eines professionellen Event-Managements, ich kann das nur wiederholen!

Das Rahmen-Programm

Achten Sie bitte genau auf dieses Wort: Rahmen-Programm! Hier geht es definitiv um den Rahmen, nicht um den Hauptteil des Abends. Das Rahmen-Programm soll begleiten, nicht ablenken.

Daher ist es zwar edel, dem Anlass entsprechend und thematisch eingebunden. Dennoch sollten sich Ihre Gäste vorwiegend an das erinnern, was Sie sich als Highlight überlegt haben.

Ihre Auswahl ist nahezu unbegrenzt:

✔ Tanzgruppen

✔ Comedians

✔ Musiker

✔ Sänger

✔ Modenschauen

✔ Artisten

Ihrer Fantasie können Sie freien Lauf lassen.

 Eines sollten Sie beachten:»Weniger ist mehr!« Beschränken Sie sich lieber auf wenige, hochklassige Programmpunkte, als die Eingeladenen regelrecht zu überfrachten.

Ablaufplan

Einer der entscheidenden Punkte für eine gelungene Veranstaltung ist ein zeitlich strukturierter Ablauf nach dem Motto: »Wann geschieht was?« Dazu gehören nicht nur die für die Gäste sichtbaren Elemente des Abends, sondern auch die im Hintergrund stattfindenden Tätigkeiten.

Bei Letzteren werden Sie schon richtig vermuten: Das sollte in Absprache mit Caterer, Service und Anbieter vor Ort geschehen. Sind diese drei echte Profis, werden sie Sie nach der offiziellen Agenda des Abends fragen, um ihre Arbeiten abstimmen zu können.

 Werden Sie nicht gefragt, dann suchen Sie das Gespräch mit allen Beteiligten, um die einzelnen Zeitpläne zu synchronisieren!

Wie kann nun ein beispielhafter Ablaufplan aussehen? Voilà, ein Beispiel sehen Sie in Tabelle 7.1:

Agendapunkt	Zeit	Anmerkung
Ankunft der Gäste	18:00 Uhr	Aperitif, Kanapees
Begrüßungsrede	18:30 Uhr	Übergabe an Moderator
Vorträge (5)	18:40 Uhr	je 15 min plus 1 min
Podiumsdiskussion	20:00 Uhr	10 min vor Ende Signal an Service und Mitarbeiter
Schlussrede	20:30 Uhr	Blumen auf das Podium
Essen und Get-Together	20:40 Uhr	bis ca. 23:00 Uhr

Tabelle 7.1: Beispiel für einen Ablaufplan

Nutzen Sie die Anmerkungen akribisch. Das ist Ihr Drehbuch!

Einladung

Mit der Einladung schaffen Sie die Grundlage für eine erfolgreiche Veranstaltung. Ist sie ansprechend gestaltet und bietet alle Informationen, die sich ein Gast wünscht, können Sie mit guter Resonanz, sprich Zusagen, rechnen.

Gerade im beruflichen Umfeld ist es üblich, bereits telefonisch bei den potenziellen Gästen vorzufühlen. Das ersetzt aber niemals die schriftliche Einladung Ihrer Kunden!

 Erinnern Sie sich bitte an die Maslow'sche Bedürfnishierarchie! Überprüfen Sie schon Ihre Einladung darauf, ob Ihre Gäste entsprechend damit rechnen können, ihre individuellen Bedürfnisse befriedigen zu können.

Was sollte also eine Einladung enthalten?

✔ Thema des Abends

✔ Art der Veranstaltung

✔ Ort des Events (eventuell mit Anfahrtbeschreibung)

✔ Datum und genaue Uhrzeit (Beginn und Ende)

✔ Hinweis zur Verköstigung

✔ Empfohlener Dresscode (wenn nicht Business)

✔ Ansprechpartner im Vorfeld (und gegebenenfalls vor Ort)

✔ Agenda (nicht zeitlich, sondern inhaltlich)

✔ An wie viele Personen richtet sich die Einladung?

Und natürlich sollten Sie nicht vergessen, die Eingeladenen um eine Rückantwort zu bitten, ob sie an dem Event teilnehmen – wenn ja, mit wie vielen Personen – oder nicht. Optimalerweise schreiben Sie jeden Gast auch persönlich an.

Fordern Sie die Antwort ruhig mit der üblichen Formel »U.A.w.g.« ein: »Um Antwort wird gebeten.« Sind Sie und Ihre Klientel frankophil, dann können Sie auch schreiben: »R.S.V.P.« also »Répondez, s'il vous plaît«.

 Ergänzen Sie Ihre Bitte um Antwort mit dem letztmöglichen Rückmeldetag sowie mit dem bevorzugten Rückmeldemedium. Damit verschaffen Sie sich Ruhe und Überblick bei der finalen Vorbereitung.

Ein Beispiel für eine Einladung finden Sie in Abbildung 7.1.

Sehr geehrte Frau Dr. Meller,

»Es ist nicht alles Gold, was glänzt!«, sagt ein altes Sprichwort. Ob das auch für Gold als Wertanlage gilt, wollen wir gerne mit Ihnen diskutieren.

Deshalb laden wir Sie, sehr geehrte Frau Dr. Meller, mit Ihrer Begleitung herzlich ein zu unserer Vortragsveranstaltung

»Gold – eine schmucke Geldanlage«

am Freitag, 16. April 2011

im Hotel »Vier Jahreszeiten«, Schluchsee.

Ein Aperitif wird ab 18:30 Uhr gereicht. Nach dem Vortrag von Herrn Prof. Dr. oec. Wilhelm Gutmetall laden wir zum Diner.

Herzliche Grüße

Rudolf Rans   Sina Sumpf

Abteilungsdirektor   Regionaldirektorin

WERTschöpfung AG & Co. KGaA

U.A.w.g. mit beiliegendem Revers bis zum 20. März 2011.

Abbildung 7.1: Beispiel für eine Einladung

Mitarbeiterbriefing

Neben der Ankündigung, dass eine Veranstaltung ansteht, sollten Mitarbeiter detailliert auf den Abend vorbereitet werden. Ich erinnere in diesem Zusammenhang an zwei bereits vorgestellte Punkte:

1. Sie führen keine Veranstaltung zum Selbstzweck durch, sondern verfolgen damit konkrete, messbare Ziele.

2. Die Teilnahme an der Veranstaltung bedeutet für jeden Mitarbeiter Arbeitszeit, also Zeit, in der gearbeitet wird!

Machen Sie den teilnehmenden Mitarbeitern diese zwei Punkte bitte sehr deutlich klar. Es ist kein Incentive, sondern eine über den normalen Arbeitstag hinausgehende Anforderung.

Jeder Mitarbeiter repräsentiert sein Unternehmen. Ich gehe sogar noch einen Schritt weiter: Er (natürlich auch sie) steht synonym für das Unternehmen, bei dem er (oder sie) arbeitet.

Was besprechen Sie also in einem solchen Briefing?

✔ **Sie erläutern den Ablauf des Abends.** Insbesondere: Wann ist Treffpunkt der Mitarbeiter?

✔ **Sie klären die Rolle der Mitarbeiter als Gastgeber.**

✔ **Sie verteilen konkrete Aufgaben.** Zum Beispiel kann ein Mitarbeiter, der keine eigenen Kunden zur Veranstaltung eingeladen hat, sich völlig auf die Ansprache von potenziellen Neukunden konzentrieren.

✔ **Sie lassen das Verhalten gegenüber den Gästen üben:** Sich und seine Kollegen vorstellen; Gäste willkommen heißen; Personen miteinander bekannt machen; Small Talk.

✔ **Sie geben Hinweise zur gewünschten oder erwarteten Kleidung.**

Gerade bei der Verteilung der Aufgaben können Sie sehr detailliert vorgehen. Insbesondere, wenn Sie Aufgaben auch an den zeitlichen Ablauf koppeln.

Zum Beispiel kann sich eine Mitarbeiterin bereits vor dem Beginn des Hauptteils um ihre eingeladenen Kunden kümmern, während des Vortrags darauf achten, dass zu spät kommende Gäste willkommen geheißen werden, und beim Essen dann versuchen, Kontakt zu potenziellen Neukunden aufzunehmen.

 Ein Briefing ist in der Regel kurz, so sagt es schon der Name. Es ist sicherlich nicht sehr zielführend, wenn Sie am Tag der Veranstaltung das einzige Briefing ansetzen. Verteilen Sie die Informationen und Übungen im Vorfeld auf mehrere kleinere Meetings!

Ansonsten kann ich Ihnen – ganz unverbindlich natürlich – ans Herz legen, dieses Buch Ihren Kolleginnen und Kollegen zu empfehlen. Denn die meisten oben genannten Themen haben wir bereits behandelt!

Der große Tag: Sie repräsentieren Ihr Unternehmen

Alle Vorbereitung ist getan, jetzt gilt es! Der Tag des Events ist gekommen, und die Mitarbeiter Ihres Unternehmens versammeln sich zur besprochenen Zeit am verabredeten Ort.

Der Einfachheit halber gehe ich nun davon aus, dass Sie sich nicht mehr mit Service und Caterer beschäftigen müssen: Das sind Vollprofis. Konzentrieren wir uns stattdessen darauf, wie Sie sich und Ihr Unternehmen bei Ihren (Nicht-) Kunden perfekt positionieren.

Die Mitarbeiter sind fit

Wie können Sie das erreichen? Zunächst einmal dadurch, dass niemand die gesetzlich vorgeschriebenen Arbeitszeiten an diesem Tag überschritten hat oder überschreiten wird.

Dann treffen Sie sich natürlich nicht erst einige Minuten vor dem Eintreffen des ersten Gastes, sondern geraume Zeit vorher.

Setzen Sie den Zeitpunkt der Zusammenkunft ruhig eine Stunde vor Einlass der Gäste an.

Verfahren Sie so, bündeln Sie einige Vorteile:

✔ Alle können noch einmal ihr Outfit überprüfen, vielleicht auch noch korrigieren.

✔ Jeder kann sich noch einmal auf seine Aufgaben besinnen.

✔ Die Mitarbeiterinnen und Mitarbeiter können sich mit der Location vertraut machen.

Diesen Tipp müsste ich im Grunde als unverzichtbare Voraussetzung deklarieren! Kein Mitarbeiter sollte hungrig in eine Veranstaltung gehen müssen. Deshalb nutzen Sie die empfohlene Stunde vor dem Eintreffen der Gäste auch dafür, den anwesenden Kollegen Speisen anzubieten! Denn im weiteren Verlauf des Abends soll gearbeitet werden, nicht gegessen. Diesen Tipp können Sie natürlich etwas weniger wertschätzen, wenn Sie grundsätzlich zu einem Essen bei Tisch in einem Restaurant einladen.

Die Mitarbeiter sind bestens präpariert

Zur Grundausstattung jedes teilnehmenden Kollegen gehören seine Visitenkarten. Diese gehören nicht in die Hosentasche, sondern bestenfalls in ein Etui. Sie sehen tadellos aus und kommen dezent zum Einsatz. Wie die Übergabe funktioniert, haben Sie bereits in Kapitel 3 gelesen.

Alle Mitarbeiter sind im Vorfeld über die Namen der Gäste informiert worden. Bestenfalls trägt jeder eine klein gedruckte Gästeliste bei sich.

Jeder Gast hat das Recht, die Mitarbeiter des einladenden Unternehmens sofort erkennen zu können. Das kann auf vielerlei Art geschehen. Gängigste Methoden sind gleichförmige Kleidung (zum Beispiel die identischen Krawatten für die Herren und die passenden Halstücher für die Damen) oder Namensschilder.

Namensschilder haben einen erstaunlichen Vorteil gegenüber den einheitlich gelben Bindern: Sie verraten den Namen des Trägers!

Doch wählen Sie selbst!

Die Gäste vom ersten bis zum letzten Moment wertschätzen

Blättern Sie ruhig einige Seiten in diesem Buch zurück! Sie haben schon gelesen, welche Aufgaben einem Gastgeber zukommen. Ihr Unternehmen ist Gastgeber, alle Mitarbeiter stehen dafür gerade!

Sobald ein eingeladener (Nicht-)Kunde am Veranstaltungsort ankommt, sollte er in Empfang genommen werden. Es darf bei ihm niemals das Gefühl aufkommen, dass er nicht weiß, an wen er sich wenden soll.

Der Kunde wird spätestens am Eingang begrüßt. Dort erhält er den ersten Überblick über die Location: Wo befindet sich die Garderobe, wo findet das Hauptprogramm statt und so weiter.

 Es bietet sich an, mindestens zwei Personen am Eingang zu positionieren. Bestenfalls eine Dame und einen Herrn. Damit simulieren Sie einen klassischen gesellschaftlichen Empfang.

Gehen Ihre Gäste dann weiter in den Raum, werden sie immer wieder auf Mitarbeiter Ihres Unternehmens treffen. Dabei ist es fast unerheblich, wie viele Menschen bereits anwesend sind. Wichtig ist das Gefühl, sich jederzeit an einen wissenden Menschen wenden zu können.

 Veranstaltungszeit ist Arbeitszeit! Diesen Eindruck muss auch jeder einzelne Gast bekommen. Dazu gehört, dass sich die Kolleginnen und Kollegen nicht mit ihresgleichen, sondern mit den Gästen beschäftigen. Vermeiden Sie »Rudelbildungen« von Mitarbeitern. Mehr als zwei sollten nie gleichzeitig beieinanderstehen und sich unterhalten!

Jeder Mitarbeiter sorgt sich natürlich auch um das leibliche Wohlergehen der Gäste. Das bedeutet aber nicht, dass Sie sich jetzt ein Tablett mit Prosecco aneignen sollen. Vielmehr übernehmen Sie die Mittlerrolle zum Service!

Entdecken Sie einen Gast, der während der Veranstaltung augenscheinlich alleine ist und auch keinen Kontakt zu anderen Anwesenden aufnimmt, kommen Sie als Gastgeber ins Spiel. Jeder Mitarbeiter sollte sich aufmerksam für solche Personen zeigen und im Zweifel auch die Gruppe, bei der er aktuell steht, elegant verlassen können, um sich um die Einzelperson kümmern zu können.

 Einen Small Talk verlassen Sie im Dreiklang: »Es ist sehr anregend, mit Ihnen über die industrielle Verwendung von Edelmetall zu sprechen. Und ich hoffe sehr, dass wir das in Zukunft noch einmal vertiefen können. Für den Moment danke ich Ihnen sehr und wünsche einen angenehmen weiteren Verlauf des Abends. Auf Wiedersehen!«

Und auch bei der Verabschiedung des Kunden sollte dieser nicht unbemerkt die Location verlassen können. Positionieren Sie wiederum ein oder zwei Mitarbeiter in der Nähe des Ausgangs, deren einzige Aufgabe darin besteht, gehenden Gästen einen letzten Gruß, ein letztes Wort zu widmen. Für den Fall der Fälle stehen die beiden auch für Auskünfte bezüglich der nun anstehenden Heimfahrt zur Verfügung (Taxistand etc.).

Die Topografie des Veranstaltungsraumes

Um es Ihren Mitarbeitern und Kollegen zu ermöglichen, effizient die geladenen Kunden zu begleiten, lohnt es sich, den Veranstaltungsraum aufzuteilen.

Dabei ist »aufteilen« in doppeltem Sinne gemeint. Zum einen teilen Sie tatsächlich zum Beispiel in vier Quadranten: Empfangsbereich, Vortragsbereich, Cateringbereich, Small-Talk-Bereich. Sie können aber jede andere Namensgebung verwenden. Wichtig: Die Planquadrate stellen Sie im Briefing vor.

Dann folgt der zweite Akt: Die bei der Veranstaltung anwesenden Mitarbeiter werden in eben diesem Briefing auf die verschiedenen Bereiche aufgeteilt und mit den spezifischen Aufgaben versehen. Am Abend selbst gehört hohe Disziplin dazu, sich immer und ausschließlich im zugewiesenen Teil des Raums aufzuhalten.

Dennoch: Es bietet den Vorteil, dass Sie sicher sein können, dass nirgends Kunden unbeobachtet beziehungsweise unbeachtet beieinanderstehen, ohne dass Sie einen Nutzen daraus ziehen könnten!

Dass es auch Personen gibt, die einem Regisseur gleich die Fäden am Abend in der Hand halten, ist klar. Das sind auch diejenigen, die sich »frei« bewegen können, ja müssen.

Eine Sammlung von Empfehlungen

Ohne jetzt ausschweifend zu werden, gebe ich Ihnen noch einige Empfehlungen, Hinweise oder Tipps mit auf den Weg, wie Veranstaltungen noch professioneller werden.

Namensschilder

Namensschilder sind ein sehr begehrtes Thema! Und leider wird hierüber auch unendlich viel diskutiert: Tragen die Mitarbeiter Namensschilder? Wenn ja, wie einheitlich sollen sie sein? Müssen auch die Gäste mit ihrem Namen am Revers leben? Was ist mit der Diskretion? Nimmt gar die Kleidung Schaden?

Wie auch immer diese Diskussion in Ihrem Unternehmen ausgeht, wenn Sie sich für die Beschilderung entscheiden, gilt Folgendes:

1. Alle Mitarbeiter tragen bis auf den Namen identische Schilder, auf denen auch deutlich für jeden Gast – Kunde und potenzieller Neukunde – erkenntlich ist, dass es sich um einen Mitarbeiter handelt. Also zeigt die Beschriftung Vor- und Nachnamen sowie zum Beispiel das Firmenlogo. Auf akademische Titel dürfen Sie hier verzichten.

2. Die Schilder der Gäste tragen Titel, Vornamen und Nachnamen der betreffenden Person. Jetzt besteht nur noch die Kunst darin, Kunden von potenziellen Neukunden zu unterscheiden. Damit erleichtern Sie dem Akquisiteur unter Ihnen die Arbeit.

Abbildung 7.2: Namensschilder für (potenzielle Neu-)Kunden

In Abbildung 7.2 sehen Sie auf der linken Seite ein Namensschild für Kunden. Der stilisierte Unterstrich endet bei allen Kunden beim letzten Buchstaben des Vornamens. Auf der rechten Seite – der potenzielle Neukunde – erkennen Sie, dass dieser Strich erst nach dem ersten Buchstaben des Zunamens ein Ende findet.

Dieser kleine, feine Unterschied fällt kaum einem Gast auf, dem im Briefing vorbereiteten Mitarbeiter aber sehr wohl!

Statt im Eingangsbereich einen riesigen Tisch mit allen im Vorfeld gedruckten Namensschildern bereitzustellen, können Sie auch überlegen, ob Sie in Technik investieren: Drucken Sie doch die Schilder der Gäste direkt bei deren Erscheinen aus. Das schafft Ihnen auch gleich einen elektronischen Überblick über die Anwesenden!

Sich zu einer Gruppe gesellen

Tun Sie sich manchmal schwer, sich zu einer Gruppe von Kunden zu gesellen? Das muss nicht sein!

Ich erwähnte schon, dass Sie Gastgeber sind. Dann haben Sie nicht nur das Recht, sondern auch die Pflicht, sich mit Ihren Gästen zu unterhalten. Dazu müssen Sie sie auch ansprechen dürfen.

Niemand wird es Ihnen verwehren, wenn Sie sich in dieser Rolle zu einer diskutierenden Gruppe bewegen und zum Beispiel sagen:

»Ich weiß, Sie befinden sich gerade in einer angeregten Diskussion. Dennoch möchte ich es nicht versäumen, Sie im Namen der Kugelstoß AG zu begrüßen. Herzlich willkommen auf Gut Hammerwurf! Ich bin Martin Speer und im Unternehmen für das Marketing zuständig ...«

Wenn es sich jetzt um eine übersichtliche Zahl von Menschen handelt, die Sie begrüßt haben, reichen Sie ruhig jedem die Hand!

 Sind Sie selbst Gast bei einer Veranstaltung und wollen Kontakt knüpfen? Dann werfen Sie aus einiger Entfernung einen konkreten Blick in eine Gruppe und warten auf einen Blick zurück. Erfolgt dieser, nicken Sie freundlich mit dem Kopf. Wird dieser Gruß erwidert, dürfen Sie das gerne als Einladung in die Gruppe deuten. Gehen Sie hinüber, lauschen Sie kurze Zeit der Unterhaltung und bringen Sie sich dann ein. Dazu geben Sie eine passende Anmerkung zum Thema, um sich direkt danach bekannt zu machen.

Sich und andere bekannt machen

Gerade haben Sie schon ein Beispiel gesehen, wie Sie sich selbst bekannt machen können. Gehen Sie generell so vor, dass Sie vom Allgemeinen zum Speziellen wechseln. Das Speziellste, das Sie zu bieten haben, ist Ihr Name. Deshalb:

»Guten Abend! Ich arbeite für die Kohlhaas GmbH im Bereich Produktentwicklung. Heute stehe ich Ihnen für Ihre Fragen zu unserer Produktionslinie in China zur Verfügung. Mein Name ist Hartmut Schwefel.«

Ihre Titel haben hier nichts zu suchen. Die stehen ja im Zweifel auf Ihren Visitenkarten.

Machen Sie zwei bislang einander unbekannte Personen miteinander bekannt, dann erfährt immer die wichtigere Person alle Informationen zuerst. Bei gleichrangigen Personen, also allen Gästen, ist das kein Kriterium. Sie können zum Beispiel sagen:

»Frau Dr. Hanf, ich freue mich, Sie mit Herrn Stanislaus Mohn bekannt machen zu können. Herr Mohn ist Kulturdezernent in unserem Landkreis. Herr Mohn, dies ist Frau Dr. Edeltraut Hanf. Sie ist Leiterin der Kulturredaktion des Lokalsenders Fitradio. Wenn ich mich recht entsinne, haben Sie beide in Fulda studiert ...«

Nicht nur, dass beide Gäste nun einiges übereinander wissen. Nein, Sie haben sogar noch einen mundgerechten Einstieg in einen Small Talk geliefert: das Studium in Fulda.

Alkoholgenuss

Ein ganz kurzer Abschnitt, denn dem Alkohol sollten ausschließlich die Gäste zusprechen dürfen.

Ausnahmen sind der Aperitif bei einem Stehempfang und der Wein bei Tisch. Beides natürlich nur in Maßen, bestenfalls nur ein Glas. Denn Ihre Konzentration wird den ganzen Abend über verlangt!

 Bier bei einer Veranstaltung ist für Mitarbeiter generell unzulässig! Zum einen handelt es sich nicht gerade um ein repräsentatives Getränk, zum anderen ist die so genannte »Bierfahne« bereits nach einem Glas kein Märchen!

Die offizielle Begrüßung aller Gäste

»Ähem, eins, zwei, eins zwei. Meine sehr verehrten Damen und Herrn! Im Namen der Pfefferminzia Süßwaren AG möchte ich Sie willkommen heißen ...«

Um Gottes willen, bitte so nicht! Was soll denn davon positiv in Erinnerung bleiben? Nichts!

Gehen Sie daher wie folgt vor:

✔ Suchen Sie sich einen exponierten Platz im Raum (Bühne).

✔ Halten Sie das Jackett geschlossen.

✔ Schauen Sie in die Gesichter der Gäste.

✔ Gehen Sie einen Schritt auf das Auditorium zu.

✔ Atmen Sie ein, aus und dann wieder ein.

✔ Richten Sie nun die ersten Worte an die Gäste, mit denen Sie langsam, aber zuverlässig die Aufmerksamkeit aller gewinnen.

✔ Erst jetzt kommt die eigentliche Begrüßung gefolgt von der obligaten Rede.

 Ehrengäste nennen Sie in Ihrer Begrüßung vor allen anderen Gästen. Zum Beispiel »Sehr geehrte Frau Ministerpräsidentin, verehrte Damen und Herren! ...«

Mit dieser Vorgehensweise wirken Sie souverän und kompetent. Man wird sich an Sie erinnern!

Beispiel für die ersten Sätze

Bleiben wir bei der genannten Süßwaren-Firma. Zum Beispiel können die ersten Worte lauten:

»Früher – und das scheint noch gar nicht so lange her zu sein – stand ich mit meinen Freunden vor dem örtlichen Kiosk und bewunderte all die herrlichen Nascherreien in der Auslage. Unglaublich, wir konnten sogar einzelne Bonbons erwerben! Erzählen Sie das heute mal den Kindern in den Supermärkten. Süßwaren werden zunehmend industriell und in Massen hergestellt. Wie es der Pfefferminzia Süßwaren AG dabei gelingt, die hohen Qualitätsanforderungen unserer Kunden zu erfüllen, werden wir heute Abend beleuchten. Meine sehr verehrten Damen und Herren, liebe Gäste! Herzlich willkommen in unseren Produktionshallen! Mein Name ist Sigfried Schoki und ich werde Sie durch diesen Abend geleiten ...«

Gäste, die nicht gehen wollen

Sie kennen das sicherlich aus dem privaten Umfeld: Der Abend wird immer länger, der nächste (Arbeits-)Tag rückt näher. Dennoch beweisen einige Ihrer Gäste das viel besungene »Sitzfleisch«.

Gleiches kann Ihnen auch im beruflichen Umfeld, bei Ihrem Event passieren. Angesetzt und angekündigt war die Veranstaltung bis 23 Uhr, aber ein Blick in den Raum zeigt, dass sich einige hartgesottene Kunden noch immer erfolgreich an ihren Weingläsern festhalten.

Je nach Grad Ihres Selbstbewusstseins und der Hartnäckigkeit Ihrer Gäste empfehle ich nachstehende Verhaltensweisen Ihrerseits:

✔ Sie bestellen eine letzte Runde:»Was darf ich Ihnen zum Abschluss des Abends noch bringen lassen?«

✔ Der Dreischritt:»Es war ein schöner Abend mit Ihnen, und ich hoffe auf baldige Wiederholung. Für heute sollten wir aber ein Ende setzen!«

✔ Sie nutzen den Service, der sehr auffällig mit den Aufräumarbeiten beginnt.

✔ Sie lassen durchklingen, dass am nächsten Morgen wieder Ihr Schreibtisch auf Sie wartet.

✔ Sie fragen die Letztgebliebenen, inwieweit Sie für einen Taxitransfer sorgen sollen.

Neben dieser eher persönlichen Art können Sie auch den offiziellen Weg wählen. Greifen Sie zum Mikrofon, verabschieden Sie sich offiziell im Namen des Unternehmens und wünschen Sie einen guten Nachhauseweg.

Die Nachbetrachtung des Events

Ist der große Tag vorbei, ist das Event für Sie noch längst nicht zu Ende. Es folgt die offizielle Nachbetrachtung: Was ist gut gelaufen, was weniger gut? Welches Feedback geben Sie allen Beteiligten (Mitarbeitern, Caterer, Service, Location, Event-Management)?

Insbesondere sollten Sie noch einmal einen Blick auf das angestrebte Ziel werfen. Wann sind Sie in der Lage, die entsprechenden Kennziffern zu liefern? Was muss bis dahin noch getan werden?

Doch neben dieser eher nach innen ins Unternehmen gerichteten Sichtweise sollten Sie auch die Kunden und Nichtkunden nicht vergessen.

Nehmen Sie Kontakt auf! Bedanken Sie sich für das Erscheinen bei jedem einzelnen der von Ihnen persönlich eingeladenen Gäste. Fordern Sie ruhig Feedback ein! Nutzen Sie das Telefon, um gegebenenfalls einen echten Businesstermin zu vereinbaren. Wollten Sie nicht den Produktabsatz steigern?

Normalerweise bedankt sich der Gast für seine Teilnahme an einer Veranstaltung. Dem folgen Sie bitte auch, wenn Sie zum Beispiel als Repräsentant Ihrer Firma bei einem Kunden oder Geschäftspartner eingeladen waren!

Haben Sie schriftliche Informationen über die Inhalte des Abends angekündigt? Dann sollten Sie sie jetzt schnell versenden. Und auch hier gilt: Fassen Sie zeitnah nach!

Damit wird es dann rund, Ihr Event! Denn so sollten Sie es für sich immer verinnerlichen: nicht eine lästige, zur Routine gewordene Pflichtveranstaltung. Sondern vielmehr ein besonderer Tag auch in Ihrem (beruflichen) Leben, der Ihnen den Erfolg wiederbringt, erhält oder gar steigert.

Machen Sie was daraus!

Business-Etikette im Ausland

8

In diesem Kapitel

▶ Ein Überblick über kontinental verschiedene Gepflogenheiten

▶ Spezielle Dos und Don'ts im Ausland

▶ Ähnlichkeiten und Unterschiede zur »deutschen« Etikette

▶ Ein Blick über den Business-Tellerrand hinaus

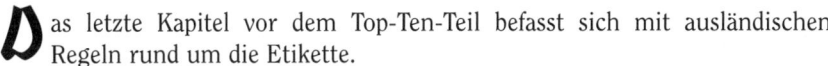

*D*as letzte Kapitel vor dem Top-Ten-Teil befasst sich mit ausländischen Regeln rund um die Etikette.

Grundsätzlich sollten Sie sich von folgendem Gedanken leiten lassen: »When in Rome, do as the Romans do!« Das soll nicht mehr und auch nicht weniger heißen, als dass Sie sich bemühen sollten, sich den örtlichen Gepflogenheiten anzupassen.

Bevor Sie sich auf ausländisches Terrain begeben, machen Sie sich mit Eigenheiten vertraut. Bleiben Sie längere Zeit dort – zum Beispiel im Rahmen eines mehrmonatigen internationalen Projektes –, kann es sich anbieten, wenn Sie sich bei einem Inländer die notwendigen Verhaltensregeln erläutern lassen.

Dieses Kapitel soll Ihnen lediglich einen Einblick geben und Sie sensibilisieren für andere Kulturen. Ab und an werde ich dabei über den reinen Business-Kontext hinausgehen. Privat- und Berufsleben lassen sich sowieso nicht immer streng voneinander trennen.

Bei allen Unterschieden der Kulturen: Der Leitsatz der Wertschätzung gilt überall, jedoch wird er regional verschieden ausgelegt. Akzeptieren Sie das, auch wenn es das ein oder andere Mal schwer mit Ihren Vorstellungen übereinkommen sollte.

 Es kann auch nicht schaden, etwas über »fremdländische« Etikette zu wissen, wenn Sie Gäste von dort erwarten. Es gilt immer als äußerst wertschätzend, wenn Sie sich den Verhaltensweisen Ihrer Gäste annähern. Und das trotz des oben zitierten Ausspruches!

Die Vereinigten Staaten von Amerika

Gehen wir zunächst in das Land der unbegrenzten Möglichkeiten: die USA. Es gibt dort sicherlich wesentliche Unterschiede zwischen der konservativen Ostküsten-Intelligentia, den aufstrebenden Westküstenstaaten und dem ländlich geprägten Inland. Daher ist es auch schwer, von der einzigen Etikette zu sprechen. Dennoch wage ich den Versuch.

Zu Beginn räume ich mit einem typisch europäischen Vorurteil auf: Der US-Amerikaner hat sehr wohl Stil und Kultur! Die Regeln sind teilweise halt andere als hierzulande. Gleichwohl gilt insbesondere an der Ostküste, dass man ohne Benimm in der Gesellschaft wenig Chancen hat.

 Seien Sie bitte mit amerikanischen Gästen tolerant! Denn gerade die USA sind vorbildlich, wenn es darum geht, andersartige Sitten wertzuschätzen. So wird häufig nicht erwartet, dass sich ein Europäer den amerikanischen Regeln angleicht. Vielmehr wird mit Interesse beobachtet, welche Form der Etikette ein Gast sein eigen nennt. Fragen Sie sich: Sind Sie in Ihrem Heimatland genauso aufgeschlossen?

Im Business

Ein besonderes Merkmal der US-amerikanischen Geschäftswelt ist die hohe Entscheidungsfreude, selbst im Vergleich zu den stringenten Deutschen. Amerikaner entscheiden lieber schnell und falsch als überhaupt nicht.

Zu dieser progressiven Art gesellen sich stark konservative Elemente, unter anderem bei der Kleidung. Der Herr trägt im Berufsleben einen dunklen Anzug, weiße oder hellblaue Hemden und eine dezent gemusterte Krawatte. Die Dame greift zum Hosenanzug oder zum Kostüm. Strümpfe und geschlossene Schuhe sind ein Muss. Sie sehen: Ein Unterschied zum deutschen Dresscode ist nicht zu bemerken.

»Time is money!« Das sollten Sie immer beachten. Seien Sie deshalb zu Meetings pünktlich und gut vorbereitet.

Destruktive Kritik ist nichts Amerikanisches. Anstatt Vorschläge rundweg abzulehnen, erläutern Sie Ihrem Gesprächspartner lieber Alternativen, aber bitte direkt und ohne Umschweife. US-Amerikaner schauen initiativ und optimistisch in die Zukunft. Rückwärtsgewandte Themen werden dagegen gerne beiseitegeschoben.

Im geschäftlichen Umfeld wird sehr schnell zur Anrede beim Vornamen übergegangen. Üben Sie sich dabei aber in der reagierenden Rolle! Gebraucht Ihr Gegenüber Ihren Vornamen, so tun Sie es ihm einfach gleich. Den Grund für diese Vorgehensweise suchen Sie bitte nicht in der freundschaftlichen Verbundenheit! »Dirk« geht einfach schneller über die Lippen als »Mr Gillmann«!

 Sie erinnern sich an das »hanseatische Sie«? Hier wird gesiezt und zugleich der Vorname benutzt. Das ist die deutsche Entsprechung zum angelsächsischen Vorgehen.

Gleichberechtigung wird in den USA großgeschrieben. Jegliche Ungerechtigkeiten aufgrund von Geschlecht, Hautfarbe, Religion und so weiter sind im geschäftlichen Umfeld undenkbar. Das Stichwort lautet in diesem Zusammenhang »Diversity«.

 Wählen Sie Ihre Worte sorgsam! Ein von Ihnen harmlos gemeinter eingeworfener Witz, der vielleicht sexuelle Anspielungen enthält, kann Ihre Karriere sehr abrupt beenden! Hier hört die Toleranz auf!

Die amerikanische Führung ist horizontal aufgebaut. Flache Hierarchien ermöglichen bestmöglichen Austausch von Ideen. Das gilt, obwohl wir auch in Deutschland dem amerikanischen Vorbild des »Chief Executive Officer« nacheifern.

Der Small Talk hat einen hohen Stellenwert im geschäftlichen Umfeld. Die USA bieten Ihnen ein fantastisches Spielfeld mit viel Offenheit und Interesse. »Networking« beginnt bei der kleinen Plauderei.

Privates Umfeld

Damit haben wir schon einen perfekten Übergang für das private Umfeld. Auch dort ist Small Talk mehr als nur beliebt. Für deutsche Gepflogenheiten eher ungewöhnlich, gehört das Einkommen zu den sicheren Themen. Neid ist unbekannt, man gönnt und respektiert Erfolg.

Wenngleich ich schon Gleichberechtigung erwähnt habe, müssen Sie auch wissen, dass es nach wie vor starke puritanische Strömungen gibt. Das betrifft besonders die Rolle der Frau. Körperbetonte Kleidung wird in diesem Zusammenhang eher kritisch und mit moralischen Vorbehalten beäugt.

Die Begrüßung beinhaltet häufig die Floskel »How are you?« »I'm fine, how are you?« ist die passende Reaktion. Ihre Lebensgeschichte sollten Sie an dieser Stelle (noch) nicht erzählen.

Zum Schluss zwei Warnungen:

 Vermeiden Sie Berührungen! Eine Umarmung unter sehr guten Freunden ist zwar akzeptiert. Jedoch ist die Grenze zur empfundenen sexuellen Belästigung vergleichsweise rasant überschritten!

 Alkohol und Nikotin sind aus dem öffentlichen Leben verbannt. Brechen Sie dieses Tabu nicht!

Bei Tisch

Ein wesentlicher Unterschied zur deutschen Tischetikette lässt sich in der Benutzung des Bestecks erkennen. In den Vereinigten Staaten schneidet man zunächst das Fleisch in mundgerechte Stücke. Danach wird das Messer beiseitegelegt, die Gabel wandert von der linken in die rechte Hand: Das Essen beginnt.

Die nun freie linke Hand bleibt nicht auf dem Tisch, sondern verschwindet unsichtbar auf dem Schoß. Ob Sie dort zu einer Waffe greifen oder nicht, mag ich nicht beurteilen. Angeblich liegt darin die Ursache der Regel.

Verlassen Sie den Tisch, dann legen Sie die Serviette auf Ihren Stuhl, nicht auf den Tisch. In guten Restaurants wird vor Ihrer Rückkehr die alte durch eine neue Serviette ersetzt.

 In gehobenen Restaurants gilt oft Anzug- und Krawattenpflicht. Sind Sie einmal »under-dressed«, bitten Sie den Oberkellner um Unterstützung. Eine Krawatte lässt sich meistens auftreiben, ein Jackett vielleicht auch!

Geben Sie Trinkgeld? Hoffentlich, denn für viele Kellner besteht daraus ihre Haupteinnahme! Als Richtwert nehmen Sie bitte zehn bis zwanzig Prozent des Rechnungsbetrages.

Russland

Wechseln wir den Kontinent und widmen uns einem der größten und wirtschaftlich aufstrebendsten Länder der Erde: Russland, liebevoll »Mütterchen« genannt. Neureiche Milliardäre und Oligarchen neben einer immer noch der Sowjetzeit zugewandten Bevölkerung mit einer politischen Kaste, die nicht immer westlichen Vorstellungen entspricht. Das sind Merkmale dieses erstaunlichen Landes.

Im Business

Beginnen wir beim Dresscode des Herrn: Prinzipiell existiert hier kein Unterschied zur deutschen Definition. Doch es gibt einen anderen: Das Statussymbol »Uhr« wird sehr gerne zur Schau getragen. Damit wird der erworbene Wohlstand nach außen dokumentiert. Deshalb ist auch Ihre Zurückhaltung unangebracht: Spielen Sie das Spiel ruhig mit!

Die Dame tritt im Gegensatz zu den USA sehr weiblich auf. Klassisches Business-Outfit verlangt Rock oder Kostüm, weniger eine Hose. Verhältnismäßig üppiges Make-up sowie fast schon ungesund wirkende hohe Hacken runden das Bild ab.

Von deutschen Geschäftspartnern wird Pünktlichkeit erwartet. Seien Sie pünktlich, auch wenn es Ihnen öfter passieren wird, dass Sie dann auf Ihr russisches Gegenüber warten müssen.

Die Begrüßung erscheint freundschaftlich. Distanzzonen haben in Russland eine etwas andere Definition als hierzulande. Nähe wird akzeptiert! Warum? Sie können im Beruf nur erfolgreich sein, wenn Sie als Mensch akzeptiert werden. Dazu gehört halt die Nähe nicht selten in Verbindung mit Alkohol.

 Eine Einladung zum Wodka sollten Sie nicht ablehnen! Das hat schon der erste Bundeskanzler Konrad Adenauer nicht, als er über die Rückkehr der letzten deutschen Kriegsgefangenen verhandelt hat. Immer noch gilt das »Wässerchen« als Begleiter guter Geschäfte.

 Bei aller Wertschätzung dem Gastgeber gegenüber wollen Sie partout keinen Wodka trinken? Dann müssen Sie zu einer Notlüge greifen! Sprechen Sie von Medikamenten, die Sie zurzeit nehmen und die absolut unverträglich in Verbindung mit Alkohol sind.

Tradition wird groß geschrieben, insbesondere wenn es um patriarchalische Führungsstrukturen geht. Der Mitarbeiter ist Untergebener und damit Befehlsempfänger. Was bei uns wenig wertschätzend ist, ist in der russischen Gesellschaft vollständig akzeptiert.

Frauen sind in oberen Führungsebenen gelinde ausgedrückt unterrepräsentiert. Dagegen trifft man sie häufiger in eher körperlich anstrengenden Tätigkeiten.

Die männliche Elite hofiert jedoch im geschäftlichen wie im gesellschaftlichen Umfeld die Damenwelt. Ob das vielleicht eine Hommage an die Schönheit ist?

Zeit ist relativ. Das ist jetzt nicht die Einleitung zu einer Abhandlung über die Relativitätstheorie. Verhandlungen benötigen ein großes Zeitfenster. Ihre Uhr ist Statussymbol, nicht der zur Schnelligkeit mahnende Chronometer!

Kompromisse zu vereinbaren wird als Schwäche oder Eingestehen einer Niederlage ausgelegt. Man wird immer versuchen, Sie von Ihrem Weg abzubringen! Üben Sie sich in endloser Geduld!

Das gilt auch dann, wenn Sie sich in einer Verhandlung unvermittelt einem emotionalen Wutausbruch ausgesetzt sehen. Ob dabei, wie bei Nikita Chruschtschow während einer UN-Sitzung, mit einem Schuh auf den Tisch eingeschlagen wird, werden Sie im Zweifel feststellen.

Englisch wird in Business-Kreisen oft sehr gut gesprochen. Konversation in dieser Sprache, die vom alten Klassenfeind kommt, ist völlig normal.

 Dennoch können Sie ja das ein oder andere russische Wort lernen oder die Handouts Ihrer Präsentation im Vorfeld ins Russische übertragen lassen.

Privates Umfeld

Schauen wir zunächst auf die Anrede: »Igor Sergeiewitsch Smalin« wird eher selten mit »Gospodin Smalin« – also »Herr Smalin« – angeredet. Üblich ist »Igor Sergeiewitsch«.

 Die Nomenklatur lautet: Vorname, Patronym (Name des Vaters), Nachname. Das wird so auch in Schriftstücken benutzt.

Die Begrüßung eines Mannes wird immer mit Handschlag stattfinden. Bei einer Frau ist das nicht immer so, stattdessen kommt vergleichsweise häufig der Handkuss zu seinem Recht.

 Aberglaube ist weitverbreitet. Ein Handschlag über einer Türschwelle bringt kein Glück!

Weite Teile der Bevölkerung sind trotz kommunistischer Vergangenheit tief religiös. Nehmen Sie also Rücksicht auf diese Gefühle, insbesondere, wenn Sie als Frau eine der zahlreichen und großartigen Kirchen besuchen. Tragen Sie ein Tuch als Kopfbedeckung!

Wodka ist auch im privaten Umfeld ein ständiger Begleiter. Das Schnipsen mit dem Finger an die Kehle lädt zu einem kleinen Trunk ein.

Große Gebiete Russlands sind muslimisch geprägt. Dort sollten Sie nicht mit Wodka rechnen, schon gar nicht von selbst anbieten!

Bei Tisch

Eine Frau würde in Russland niemals alleine ausgehen, auch nicht in ein Restaurant. Genauso wenig käme sie auf die Idee, die Rechnung zu begleichen. Der Mann ist für seine Dame da! Das zeigt sich auch beim Verlassen des Restaurants: Er hält ihr immer die Tür auf!

Wieder Wodka: Lebensart und ständiger Begleiter beim Essen! Die vermeintlichen Wassergläser bei Tisch werden mit Wodka gefüllt!

Trinksprüche erfreuen sich großer Beliebtheit. Halten Sie auch an dieser Stelle mit und bringen Sie den ein oder anderen Toast aus.

Die Hauptmahlzeit bildet das Mittagessen, das in der Regel zwischen 14 und 15 Uhr eingenommen wird. Abends wird oft nur Tee, Kuchen und Brot gereicht.

 Sind Sie in muslimischen Landesteilen unterwegs, orientieren Sie sich eher an arabischen Gepflogenheiten!

China

Das Reich der Mitte mit der bei Weitem höchsten Bevölkerungszahl auf der Erde. Erleben wir noch, wie China zur größten Wirtschaftsmacht wird? In der Reihenfolge der größten Volkswirtschaften dürfte dieses faszinierende Land bereits den alten Gegner Japan auf Rang 2 abgelöst haben.

Im Business

Gesichtswahrung ist das vorrangigste Thema und entscheidende Kriterium auch im Business. Das bedeutet für Sie zweierlei:

1. Achten Sie darauf, mit Ihren Geschäftspartnern so umzugehen, dass diese immer die Möglichkeit haben, ihr Gesicht zu wahren.

2. Seien Sie bitte selbst darauf bedacht, Ihr Gesicht nicht zu verlieren!

Beziehungen sind wichtig, wichtiger noch als vertraglich fixierte Übereinkünfte. Dafür notwendig sind gegenseitiges Vertrauen und Wertschätzung.

 Seien Sie sich als Europäer aber nie zu sicher, dass Sie einen Vertragsabschluss schon in der Tasche haben. Ihr chinesisches Gegenüber kann das ganz anders sehen!

Werden Verträge geschlossen, sind sie meist sehr kompliziert. Grund dafür ist, dass man sich in China gern ein Hintertürchen offenlässt.

Absoluter Entscheidungsträger ist der Chef! Das bedeutet für Sie, dass Sie genau hinsehen sollten, wer auf der anderen Seite die wichtigste Person ist. Ihr Wort zählt.

In Verhandlungen kann es daher zu Stillstand kommen. Und zwar immer dann, wenn die oberen Hierarchien keine Entscheidung fällen. Erschwerend kommt für Sie hinzu, dass die chinesische Höflichkeit kein kategorisches »Nein« kennt.

Frauen sind gleichberechtigte Geschäftspartner. Das gilt für Chinesinnen wie für Ausländerinnen. Einflussreiche Frauen kannte schon das alte Kaiserreich, Emanzipation hat also eine schon prä-kommunistische Tradition.

 Vergessen Sie aber nicht die Lehre des Konfuzius, die nach wie vor Einfluss auf die chinesische Gesellschaft hat: Danach gehorcht die Frau zunächst ihrem Vater, dann ihrem Mann und letztlich ihrem ältesten Sohn.

Der Dresscode ist nicht streng. Behalten Sie Ihre deutsche Definition ruhig bei, egal ob Frau oder Mann. Doch sind Sie auch eingeladen, sich den lokalen Begebenheiten anzupassen. Auf den Geschäftsabschluss dürfte Ihre Kleidung wenig Einfluss haben.

Visitenkarten haben eine besondere Bedeutung. Zeigen Sie Ihre Wertschätzung gegenüber Ihrer eigenen und der des anderen! Dazu gehört, dass Sie die Karte Ihres potenziellen Geschäftspartners tatsächlich lesen!

Privates Umfeld

Gesichtswahrung hatten wir schon. Hinzu kommt das typische asiatische Lächeln, hinter dem sich alle Arten von Gemütsregungen verbergen können.

Das Händeschütteln nach westlichem Vorbild ist auf dem Vormarsch. Lassen Sie dabei bitte Ihrem chinesischen Gegenüber die Initiative. Kommt es nicht zum Händedruck, können Sie mit einer leichten Verbeugung oder einem Kopfnicken Abhilfe schaffen.

Es wird ohne Nutzung eines Taschentuchs geschnäuzt. In China ist das ein rücksichtsvoller Akt der Hygiene. Seien Sie dennoch diskret!

Damit sind uns die Chinesen im Übrigen weit voraus. Denn das Säubern der Nase mit einem Taschentuch ist nur dann hygienisch, wenn Sie das Tuch nach Gebrauch direkt in den Müll werfen. Tücher aus Stoff sammeln bei angenehmer Wärme in Ihrer Hosentasche nur allerlei Arten von Keimlingen!

Bei Tisch

In China kommen Stäbchen und Löffel zum Einsatz. Als Europäer kommen Sie in den zweifelhaften Vorzug, auch europäisches Besteck zu erhalten. Verzichten Sie darauf und üben Sie gegebenenfalls vor Ihrem Besuch in China den Umgang mit Stäbchen.

Stäbchen sind ein Hilfsmittel beim Essen. Bitte zeigen Sie niemals damit auf eine andere Person, sie wird sich beleidigt fühlen! In Deutschland würden Sie ja auch nicht mit Gabel oder Messer auf Ihren Tischnachbarn weisen!

Schmatzen erlaubt! Das werden Sie Ihren Kindern sicherlich nicht beibringen. In China ist dieses Verhalten absolut im Sinne der Etikette.

Etikette-Regeln aus erster Hand

Mein besonderer Dank gilt Geng Jun Wu, mit dem ich das folgende Interview über die chinesische Etikette führen konnte. Herr Wu ist Geschäftsführer der Pateo Investment GmbH mit Sitz in Berlin.

»Herr Wu, können Sie uns ein besonderes Merkmal der chinesischen Gepflogenheiten im Vergleich zur westlichen Geschäftswelt nennen?«

»*Das gemeinsame Essen hat einen besonderen Stellenwert. Während anderswo Geschäfte beim Golfen abgeschlossen werden, wird im Reich der Mitte viel beim Essen entschieden.*«

»Worauf sollten wir bei der Begrüßung von chinesischen Geschäftspartnern achten?«

»*Frauen und Männer begrüßen sich mit einem nicht zu festen Händedruck. Kennen sich die Geschäftspartner bereits, dann genügt auch ein freundli-*

ches Nicken. Der Gruß heißt Ni hao. Begonnen wird auch in China mit dem Ranghöchsten.«

»Existiert ein absolutes No Go?«

»Ja, die Umarmung! Sie ist absolut untersagt. Chinesen empfinden diese Form der Begrüßung als peinlich!«

»Herr Wu, was kann man an einer Sitzordnung ablesen?«

»Sehr viel! Der Gastgeber hat immer mit Blick zur Tür zu sitzen, rechts von ihm der ranghöchste Gast, links von ihm die Person auf Platz zwei der Hierarchie. Darauf sollten Sie unbedingt achten. Mein Vater, der regelmäßig auf hohen politischen Ebenen verkehrt, berichtet, dass bei Nichtbeachtung schon mancher beleidigt aufgestanden und gegangen ist.«

»Die chinesische Tischetikette unterscheidet sich sicherlich von der deutschen.«

»Absolut. Gastgeber oder Ehrengast eröffnen das Essen. Generell wird eine Reistafel mit unterschiedlichen Gerichten serviert, jeder kann sich also selbst bedienen. Wenn Sie sich besondere Achtung verdienen wollen, legen Sie dem Tischnachbarn – beginnend beim Ranghöchsten – Speisen auf den Teller. Chinesen zeigen ihre Großzügigkeit, indem sie stets mehr bestellen, als der Gast essen kann. Lassen Sie ruhig einen Rest stehen, das ehrt den Gastgeber. Letzterer beendet im Übrigen das Essen, indem er sich erhebt und damit beginnt, sich zu verabschieden.«

»Muss ich in China mit Stäbchen essen?«

»Nicht unbedingt. Wenn Sie diese Form des Essens beherrschen, gut. Wenn nicht, geben Sie Ihre vermeintliche Schwäche gerne zu. Das macht Sie sympathisch! Sie erhalten natürlich umgehend gewohntes Besteck.«

»Mögen Sie uns ein Wort zum Schmatzen sagen?«

»Sehr gern. Gilt das Schmatzen hierzulande als unfein, so ist es in China ein Zeichen des Genusses. Das gilt insbesondere bei dem Verzehr von Nudeln oder Suppen.«

»Inwieweit ist es für einen Europäer Pflicht, den obligatorischen Reisschnaps zu trinken?«

»Prinzipiell ist der Reisschnaps Pflicht. Wenn Sie ablehnen, dann vollständig und zu Beginn des Essens. Wenn nicht, müssen Sie mit jedem am Tisch einmal anstoßen: Gang Bei! Wertschätzung zeigen Sie, wenn Sie beim Anstoßen mit Ihrem Glas unter dem des Gegenübers bleiben.«

»Die Visitenkarte hat eine besondere Bedeutung ...«

»*In der Tat! Der Ranghöhere bietet zuerst seine Visitenkarte an. Sowohl Übergabe als auch Übernahme erfolgen immer mit beiden Händen. Das zeigt besondere Wertschätzung.*«

»Haben Sie abschließend noch einen besonderen Tipp für uns?«

»*Achten Sie unbedingt die Hierarchie! Sind die Positionen nicht klar, halten Sie sich bedeckt, bis sich Ihr Gegenüber selbst vorstellt. Lernen Sie ruhig einige Sätze in chinesischer Sprache. Das verschafft Ihnen zusätzliche Sympathiepunkte!*«

»Herr Wu, herzlichen Dank für dieses Interview!«

Japan

Nachdem schon im vorigen Abschnitt das Land der aufgehenden Sonne erwähnt wurde, wollen wir uns auch intensiver damit befassen.

Im Business

In *Knigge für Dummies* schrieb ich noch über die zweitgrößte Volkswirtschaft. So schnell ändern sich die Zeiten. Dennoch ist Japan immer noch eine der entscheidenden Wirtschaftsnationen.

Japan besticht durch die fruchtbare Kombination von Tradition und Moderne. Höflichkeit und Korrektheit sind unverzichtbarer Bestandteil im Business. Gesichtsverlust ist ebenso dramatisch wie in China, daher werden Sie auch auf den Inseln häufig klare Aussagen vermissen.

Gesellschaft und Wirtschaft sind patriarchalisch geprägt, Frauen sind noch nicht gleichberechtigt. Das gilt im Übrigen nur für Japanerinnen, nicht für zum Beispiel Europäerinnen!

Unternehmen werden wie Familien geführt, gehören auch häufig regelrechten Clans. Der Chef ist fürsorgender Vater. Zugleich ist er uneingeschränkter Entscheider.

Hierarchien sind wichtig, nein sogar entscheidend. Japaner sind es gewohnt, nur mit den obersten Hierarchien zu verhandeln. Präsentieren Sie sich dementsprechend!

Dabei kommt der Visitenkarte entscheidende Bedeutung zu. Sie wird ritualisiert überreicht und empfangen: mit beiden Händen und unter einer leichten Verbeugung. Besitzt Ihre Karte eine Prägung? Sehr gut, denn das symbolisiert Ihren hohen Status. Keine Prägung? Ihr Gegenüber wird sich das zwar nicht anmerken lassen, aber im Zweifel nimmt er Sie nicht mehr für voll.

 Tun Sie es Ihrem Gegenüber gleich! Nach Überreichung der Karte fahren Sie kurz mit Ihrem Daumen darüber, um zu erfühlen, ob eine Prägung vorhanden ist.

Japaner stehen Ihnen vierundzwanzig Stunden am Tag geschäftlich zur Verfügung. Dazu gehört auch, dass man Sie abends oder nachts zum Besuch einer Karaoke-Bar einlädt. Der Kontakt soll dadurch enger werden.

 Diese Einladung sollten Sie ebenso wenig ablehnen, wie die Aufforderung, selbst an der Karaoke teilzunehmen. Sie verlieren Ihr Gesicht nur, wenn Sie nicht mitmachen!

Der Dresscode »Business« wird noch formeller ausgelegt als in Deutschland. Die Anzüge sind tendenziell dunkler, die Hemden immer in klassischen Businessfarben gehalten.

Privates Umfeld

Natürlich gibt es das auch im geschäftlichen Umfeld. Doch gerade im privaten Bereich ist die obligate Verbeugung für einen Europäer eine undurchsichtige Sache. Wie tief geht es denn nun wirklich hinunter? Diese Frage kann Ihnen ehrlicherweise nur ein Japaner korrekt beantworten.

Ersatzweise kann ein – für westliche Verhältnisse leichter – Handschlag zum Einsatz kommen. Augenkontakt in diesem Zusammenhang sollten Sie vermeiden.

Eine zusätzliche Ehrenbezeugung ist das Suffix »-san«, das dem Familiennamen hintangestellt wird, wenn Sie angeredet werden: »Schmitz-san«.

Der Patriarch ist auch in der Familie das Oberhaupt. Die Frau lässt generell dem Mann den Vortritt.

Japaner meiden den Körperkontakt. Damit wollen sie vermeiden, dass sie andere Personen mit einer Krankheit anstecken. Der Mundschutz, den Sie häufig auf den Straßen der Großstädte sehen, ist auch nicht der Vorsicht vor dem Smog geschuldet!

Ziehen Sie generell Ihre Schuhe in Privathäusern aus. Das gilt auch in Restaurants!

Bei Tisch

Wie in China, so kommt auch in Japan ein Paar Stäbchen zum Einsatz. Andere Besteckteile sollten Sie aus Höflichkeit ablehnen.

Zum Abschluss eines Essens werden häufig zwei Schalen Reis gereicht. Damit soll eine finale Sättigung erzeugt werden. Beachten Sie bitte, dass die zweite Schale den Verstorbenen gewidmet ist.

Der aus Reis hergestellte Sake ist Nationalgetränk und wird auch zum Essen gereicht.

 Trinkgeld sollten Sie nicht geben, das wird eher als Beleidigung empfunden.

Die arabische Welt

Zugegeben: Es klingt etwas stark vereinfacht, wenn ich an dieser Stelle die gesamte arabische Welt in einem Unterkapitel abhandele. Es gibt sicherlich gravierende Unterschiede zwischen Tunesien, dem Libanon, Saudi-Arabien und Dubai. Doch eines ist allen Ländern gemeinsam: der Islam. Durch den Vormarsch des muslimischen Glaubens in den Jahrhunderten nach seiner Entwicklung hat sich auch die arabische Kultur weit verbreitet und bildet nach wie vor die Grundlage vieler Gemeinsamkeiten über die Staatsgrenzen hinweg.

Im Business

Respekt ist ein wichtiges Element des Alltags. Der Mitarbeiter zollt seinem Vorgesetzten Respekt, der Jüngere dem Älteren, die Frau dem Mann.

Hieraus erkennen Sie auch schon, dass Sie es mit einer eher patriarchalischen Gesellschaftsform zu tun haben. Im beruflichen Umfeld werden Sie nur äußerst selten Frauen erleben, die wichtige Entscheidungen treffen. Das sollten Sie im Hinterkopf behalten, wenn Sie zum Beispiel als Repräsentantin eines westlichen Unternehmens in arabischen Ländern unterwegs sind. Sie werden in Ihrer Funktion akzeptiert, vielleicht billigt man Ihnen aber weniger Entscheidungsgewalt zu als einem männlichen Pendant.

Auch wenn Ihr Selbstwertgefühl als Frau leidet: Im Zweifel nehmen Sie bei beruflichen Aufenthalten beispielsweise in den Golfstaaten lieber einen männlichen Kollegen mit. Der Zweck heiligt manchmal die Mittel.

Der Tages- und Wochenablauf ist durch den Einfluss der Religion anders strukturiert. Der Freitag ist das muslimische Gegenstück zum christlichen Sonntag. Respektieren Sie diesen Tag, wie Sie auch von anderen erwarten, dass man Sie nicht am Sonntag bei Ihrer Familie stört.

In der westlichen Welt werden Sie nur in den allerseltensten Fällen auf religiöse Rituale im Business treffen. In arabischer Umgebung sollten Sie daher nicht verwundert sein, wenn eine Verhandlung einmal wegen eines vom Koran vorgeschriebenen Gebets unterbrochen wird.

 Können wir davon nicht lernen? Tut nicht jedem mal eine kurze Zeit der geistigen Besinnung gut? Nutzen Sie die Verhandlungspausen mit arabischen Geschäftspartnern ruhig zur eigenen inneren Einkehr.

In diesem Zusammenhang mag es auch nicht verwundern, dass übertriebene Geschäftigkeit oder gar Hektik keine positiv belegten Attribute sind. Meetings, Verhandlungen, Besprechungen: Alles braucht seine Zeit.

Der Dresscode entspricht prinzipiell dem westlichen, wird aber stark funktional an die regionalen Begebenheiten angepasst. Ein leichter Anzug mit gedeckten Farben, Hemd – im Zweifel sogar kurzärmelig – und Krawatte kleiden Sie perfekt. Als Dame tragen Sie Hosenanzug oder Kostüm. Der Rock ist immer länger, als Sie ihn vielleicht in Deutschland tragen würden. Blusen haben lange Ärmel, Schuhe sind geschlossen.

 Verzichten Sie dringend auf alles, was Ihre weiblichen Reize hervorheben könnte. Das verletzt Ihre arabischen Gastgeber!

Erwarten Sie in Gesprächen bitte nie ein hartes »Nein!« und nutzen Sie es bitte auch selbst nicht. Umschreiben Sie Ihre Ablehnung in wohlfeilen Sätzen. Hinzu kommt, dass Gespräche oftmals vom ursprünglichen Thema abschweifen. Die Kunst besteht also darin, das Ziel zu konkretisieren und immer wieder zum roten Faden zurückzukehren.

Die hierarchisch am höchsten gestellte Person ist auf arabischer Seite der Geldgeber, eher selten der Fachexperte. Überzeugen Sie deshalb in Verhandlungen nicht nur den besagten Mann mit dem großen Portemonnaie, sondern auch seine deutlich besser im Thema beheimateten Berater!

Privates Umfeld

Respekt gegenüber dem Islam ist auch und vielleicht noch stärker im privaten Umfeld angezeigt. Zeigen Sie ruhig Ihr Interesse am Koran oder der Religion allgemein, indem Sie ehrlich gemeinte Fragen dazu stellen. Damit können Sie Zuneigung und wiederum Respekt ernten.

Frauen führen in der Regel ein eher abgeschirmtes Leben. Damit ist keineswegs der alles umhüllende Tschador gemeint. Frauen werden geschützt, auch vor Neugier. Stellen Sie in einem Small Talk die Frage nach dem Befinden der Familie, bleibt alles in Ordnung. Spezifizieren Sie aber Ihre Frage nicht, indem Sie sich nach der Ehefrau oder der Tochter eines Gesprächspartners erkundigen! Erzählen Sie lieber von Ihren Kindern!

 Als Besucherin der arabischen Welt passen Sie sich den örtlichen Gepflogenheiten an. Körperbetonte Kleidung beim Bummeln auf der Promenade sollte tabu sein. Sie müssen sich aber auch nicht verhüllen. Zollen Sie Ihren Gastgebern Respekt, indem Sie zum Beispiel mit einem Tuch elegant Ihren Kopf bedecken.

 Schuhsohlen sichtbar zu machen oder gar mit dem gestreckten Zeigefinger auf einen Menschen zu zeigen, ist zumindest unhöflich!

Bei Tisch

Vermeiden Sie die Benutzung Ihrer linken Hand in Bezug auf Essen und Trinken! Das hat einen hygienischen Ursprung, gilt aber unabhängig davon für alle muslimisch geprägten Länder, also insbesondere für die arabische Welt.

Dort leben Sie allerdings als Gast ausgesprochen gut. Sie erhalten grundsätzlich die besten Stücke Fleisch und man erwartet von Ihnen, dass Sie sich vollständig sättigen. Lassen Sie als Zeichen dafür einen Rest auf Ihrem Teller liegen, sonst wird der Gastgeber noch mehr auftischen.

 Schweinefleisch und Alkohol sind den Muslimen verboten. Deshalb fragen Sie niemals danach, sondern Sie passen sich an!

Großbritannien

Das Vereinigte Königreich von Großbritannien und Nordirland versteht sich selbst sehr stark als Wiege der modernen Zivilisation. Eine Welt, die jeden Tag etwas britischer wird, so stellten es sich unsere europäischen Nachbarn von der Insel noch im 19. Jahrhundert vor. Das fand schon nach dem Ersten, spätestens nach dem Zweiten Weltkrieg sein Ende. Dennoch kann man noch vieles von diesem einst so mächtigen Land lernen. Und machen wir uns nichts vor: Auch im 21. Jahrhundert treffen Sie überall auf der Welt immer noch auf britische Traditionen und Gepflogenheiten.

Im Business

Die Briten sind höflich und üben sich zugleich im perfekten Understatement. Auch im geschäftlichen Umfeld sollten Sie daher die Begriffe beziehungsweise Formulierungen »please«, »thank you«, »excuse me« und »I'm sorry« noch häufiger nutzen als die deutschen Entsprechungen hierzulande.

Titel haben eine sehr hohe Bedeutung. Jedoch würde niemand auf den Inseln sich selbst mit seinen Titeln vorstellen. Vielmehr wird von Ihnen erwartet, dass Sie sich im Vorfeld die entsprechenden Kenntnisse über Titel und Grade Ihrer Gesprächspartner verschafft haben.

Ähnlich wie in den Vereinigten Staaten geht man auch im Vereinigten Königreich sehr schnell zur Benutzung des Vornamens über. Damit ist eine freundschaftliche Verbindung aber noch lange nicht erreicht. Sie erinnern sich: Die deutsche Form ist das hanseatische Sie!

 Wenn Sie vom Englischen ins Deutsche wechseln, gilt prinzipiell, dass Sie die im Englischen erreichte Vertrautheit nicht mitnehmen. Anders ausgedrückt: Aus »Simon« und »you« wird dann »Mr Davis« und »Sie«!

»No brown in town« und »No brown after six«! Hierin versteckt sich die britische Ansicht von korrekter Businesskleidung. Braune Anzüge oder braune Schuhe finden Sie auf dem Land, nicht im Londoner Büro. Die klassisch-konservative Variante ist die richtige!

 Britische Regimenter und britische Schulen haben ihre eigenen Farben. Diese spiegeln sich wider in den entsprechend gestreiften Krawatten. Wenn Sie nicht anmaßend wirken wollen, verzichten Sie im Zweifel auf gestreifte Krawatten.

Small Talk gilt auch in Großbritannien als große Tugend. Beherrschen Sie die Kunst der kleinen Unterhaltung, dürfte das beim Geschäftsabschluss behilflich sein.

Privates Umfeld

Die Briten pflegen nachhaltig ihre Traditionen. Bei allen anhaltenden Diskussionen über das Königshaus der Windsors: Aus »United Kingdom« wird wohl nie »United States«.

Wie im Business, so auch privat werden Sie recht schnell bei Ihrem Vornamen gerufen. Auch das kein Zeichen für Freundschaft!

Werden Sie mit »How do you do?« begrüßt, so seien Sie sich bitte des Floskelcharakters bewusst. Antworten Sie hierauf mit »Thank you. How do you do?« Mehr wird nicht erwartet, mehr ist auch nicht höflich!

Berühmt ist das Bild der Briten, die brav an der Bushaltestelle in der Schlange stehen. Respektieren Sie das und tun Sie es Ihren Gastgebern gleich, wenn Sie nicht sofort als rüpelhafter Ausländer enttarnt werden wollen.

Zur Begrüßung wird die Hand gereicht. Wichtig: Ist eine Dame anwesend, dann reicht sie als Erste die Hand und gibt damit die Erlaubnis für diese Berührung. Küsschen oder Umarmungen werden Sie eher selten antreffen.

Über den Small Talk haben Sie schon etwas weiter oben gelesen. Bereiten Sie sich doch darauf vor, indem Sie sich einigen typisch britischen Sportarten widmen: Snooker, Boule, Kricket. Dann gelingt die Unterhaltung.

 Sagen Sie niemals über Edinburgh, dass es sich um eine schöne englische Stadt handele! Schotten sind in erster Linie Schotten, Waliser sind Waliser! Erst danach fühlen sie sich britisch, aber niemals englisch!

Bei Tisch

Konservativ ist auch die Tischetikette. Besuchen Sie ein Restaurant der gehobenen Kategorie, warten Sie bitte unbedingt im Eingangsbereich auf den Oberkellner, der Sie zu dem für Sie bestimmten Tisch geleitet.

Löffel und Gabel werden ein wenig anders benutzt als in Deutschland. Der Löffel – in der rechten Hand gehalten – wird nicht mit der Spitze zum Mund geführt, sondern mit der Seite. Über diese Seite gelangt die Suppe in den Mund. Die freie linke Hand ruht dabei in Ihrem Schoß.

Den Löffel vollständig in den Mundraum zu schieben, gilt als unschicklich!

Die Gabel wird ausschließlich mit ihrem Rücken benutzt. Auf ihn werden die Speisen gedrückt oder geschoben und dann zum Mund geführt, im Zweifel sogar wahrlich balanciert, wenn es sich zum Beispiel um Erbsen handelt!

Tee ist zwar das Nationalgetränk, jedoch hat alles seine Grenzen. So beschließt zumindest der Engländer seinen Lunch oder sein Dinner mit einem Kaffee. Entgegen den für Deutschland geklärten Gepflogenheiten ist aber der »White Coffee« mit Sahne oder Milch beliebt.

Frankreich

Die »Grande Nation« begreift sich nicht selten als die kultivierteste Nation. Das ist sicherlich in vielen Bereichen auch korrekt. Da auch Frankreich auf eine lange kolonialistische Tradition zurückblicken kann, werden Sie überall auf der Welt auch auf typisch Französisches treffen.

Im Business

Galanterie und Höflichkeit dürfen keinesfalls bei unseren westlichen Nachbarn fehlen. Hinzu kommt ein sehr großer Nationalstolz, weshalb Sie auch im geschäftlichen Umfeld nie den Fehler machen sollten, die Ehre Frankreichs zu verletzen.

 Seien Sie nicht so typisch deutsch und halten Ihre Meinung, Ihre Vorgehensweise für die allein selig machende. Auch wenn es vielleicht sogar rational zu begründen ist, auf Gegenliebe werden Sie damit nicht stoßen.

 Und wenn wir schon beim Nationalstolz sind: Schmeicheln Sie Ihrem französischen Gastgeber oder auch Ihren französischen Gästen, indem Sie einige Worte und Sätze auf Französisch zum besten geben. Das Bemühen wird Ihnen schon hoch angerechnet werden.

Französische Firmen sind durch eine streng hierarchische Struktur gekennzeichnet. Das werden Sie anhand der Sitzordnungen in Meetings, aber auch beim Durchschreiten von Türen beobachten können. Im letzteren Fall hat der Ranghöhere immer Vortritt – auch beim Betreten des Restaurants.

Regulär wird gesiezt: »Vous«. Bieten Sie bitte nicht von sich aus das »Du« an, auch wenn es Ihnen nach langjähriger intensiver Zusammenarbeit angebracht erscheinen sollte. Üben Sie sich in Geduld!

Verlassen Sie sich in Meetings nicht zu sehr auf die zuvor bekannte Tagesordnung. Wenn Sie im Hinterkopf behalten, dass eine Besprechung eher dem Austausch dient, werden Sie es verschmerzen, wenn am Ende keine Entscheidungen getroffen werden.

Ein kurzes Wort zur Businesskleidung: Gehen Sie vor wie in Deutschland!

Privates Umfeld

Wie schon oben geschrieben, sollten Sie sich durchaus mit der französischen Sprache anfreunden. Mit Englisch kommen Sie nicht überall weiter, wenngleich sich das im Gegensatz zu früher schon wesentlich verbessert hat.

Die Begrüßung mit Handschlag ist durchaus üblich. Korrekterweise sagen Sie dabei: »Bonjour Madame!« oder »Bonjour Monsieur!«

 Sie möchten Küsschen? Das »faire les bises« ist ein dahingehauchter Kuss auf die Wange. Ob es dabei einmal, zweimal oder gar dreimal zum Kontakt kommt, hängt von den regionalen Besonderheiten ab.

Wie im Berufsleben gilt auch im Privaten, dass das »Vous« die bevorzugte Anrede ist. Das finden Sie zum Teil sogar noch in konservativen Familien, wenn Kinder ihre Eltern anreden. Im elitären Kreis siezen sich sogar Eheleute.

Lernen Sie die Begriffe »Pardon«, »Excusez-moi« und »Merci« auswendig. Die französische Höflichkeit erwartet sogar in den Situationen eine Entschuldigung, in denen Sie sich in Deutschland eher bedanken würden.

Gute Small-Talk-Themen sind Kultur, Kunst, Musik und Literatur. Besser vermeiden Sie Diskussionen über (französische) Politik.

Bei Tisch

Genießen mit guten Umgangsformen! Das bedeutet für Sie: Nehmen Sie sich Zeit für das Essen. Das Frühstück fällt in Frankreich vergleichsweise knapp aus: Café au Lait und ein Croissant – das kann, muss aber nicht die Menüfolge sein.

In der Regel ist das Abendessen die Hauptmahlzeit, zu der sich die gesamte Familie trifft. Mehrere Gänge bedeuten dann leicht mehrere Stunden bei Tisch.

Brot wird gebrochen, nicht geschnitten. Das kennen Sie bereits. Jedoch finden Sie häufig keinen separaten Brotteller. Daher legen Sie das Brot neben Ihrem Platzteller auf der Tischdecke ab.

Ablegen sollten Sie auch Ihre Hände, und zwar auf dem Tisch! Damit hat Frankreich deutlich mehr Nähe zu Deutschland als zu den angelsächsischen Ländern.

Der Gast hat beim Betreten des Restaurants immer Vortritt, man kennt sich halt aus im kulinarischen Terrain. Das Trinkgeld findet seinen richtigen Platz auf dem Teller, auf dem die Rechnung gebracht wurde. Dem Service die Höhe des Obolus zu sagen – zum Beispiel, indem Sie den Rechnungsbetrag nach oben aufrunden und das auch kundtun –, schickt sich nicht.

Indien

Zum Abschluss dieses Kapitel noch eine Reise zum indischen Subkontinent. Das Land mit der zweithöchsten Einwohnerzahl nach China hat nicht nur Experten in Informatik zu bieten. Kulturelle Vielfalt und ein erstaunliches Wirtschaftswachstum bei gleichzeitig noch weit verbreitetem Traditionsbewusstsein sind die aus meiner Sicht hervorzuhebenden Merkmale.

Im Business

In Indien ist die Suche nach Führung stark ausgeprägt. Menschen – zumeist Männer – mit starken Visionen stehen den erfolgreichen Firmen vor. Das bedeutet für die Mitarbeiter, dass sie versuchen, ihre Arbeit zur vollsten Zufriedenheit des Chefs auszuüben.

Werden Sie nicht nervös, wenn Sie den Eindruck haben, dass Ihr indischer Geschäftspartner mit der vereinbarten Arbeit nicht rechtzeitig fertig wird. Perfektes Krisenmanagement zeichnet die indische Vorgehensweise aus.

 Respektieren Sie in diesem Zusammenhang die Religiosität der Inder. Zu 80 Prozent werden Sie Hindus treffen. Für alles wird den Göttern gedankt, also auch für die Kraft, die zur Erfüllung der Arbeiten nötig gewesen ist.

Für Deutsche gewöhnungsbedürftig ist, dass vieles noch nicht gesetzlich reglementiert ist. Üben Sie sich wie Ihr Gegenüber in Improvisation.

Führt das erste Gespräch nicht zum Erfolg, sollten Sie nicht ungeduldig werden. Führen Sie halt weitere, zum Teil mit immer wieder neuen Menschen, die Sie kennen lernen. Vertrauen muss sich aufbauen, bevor es zum Geschäftsabschluss kommen kann.

 Nehmen Sie mehr als genügend Visitenkarten mit nach Indien! Das ist eine heiß begehrte »Ware«!

Die Businesskleidung, die von Ihnen erwartet wird, ist prinzipiell westlich. Das resultiert aus der Tatsache, dass trotz tropischer Hitze die meisten Bürogebäude hervorragend klimatisiert sind. Ob Sie im Freien auf das Sakko oder Jackett verzichten wollen, bleibt Ihrem Wärmeempfinden überlassen.

Privates Umfeld

Die Kuh ist heilig! Das sollten Sie sich immer wieder ins Gedächtnis rufen, wenn Sie dieses Tier auf den Straßen Indiens treffen.

Beachtenswert ist nach wie vor das Kastensystem. Mit der Geburt wird der Inder in eine bestimmte Kaste klassifiziert. Diese Zugehörigkeit bestimmt den weiteren Lebensweg, sowohl privat als auch beruflich.

 Umgang mit den so genannten »Unberührbaren« kann Ihnen das Leben in Indien schwer machen, weil Sie damit für die anderen Kasten inakzeptabel werden können.

Ein einfaches »Ja!« begleiten Sie mit Kopfschütteln, nicht mit einem Nicken. Ein kurzes Kopfnicken unterstützt dagegen die Verneinung ebenso wie ein Zungenschnalzen.

»Namasté« bezeichnet die klassische Begrüßung. Dazu legen Sie die Handflächen vor der Brust zusammen. Übertriebene Verbeugungen sind nicht notwendig. Mittlerweile kommen Sie aber auch mit dem Handschlag sehr gut zurecht.

 Die linke Hand ist »unrein«! Das sollten Sie in vielen Situationen unbedingt beachten!

Bei Tisch

Rindfleisch werden Sie vergeblich suchen. Schließlich ist in Indien die Kuh heilig. Das sollten Sie sich aber unbedingt vor einem Besuch Indiens noch einmal einprägen.

Die Hände werden vor und nach den Mahlzeiten gewaschen, auch wenn die linke niemals zum Einsatz kommen wird. Oft wird ohne Besteck gegessen. Stattdessen nehmen Sie die Speisen mit den Fingerspitzen der rechten Hand auf und führen sie zum Mund.

Hat es Ihnen geschmeckt, dann zeigen Sie bitte Ihrem Gastgeber Ihre Sättigung mit dem »Namasté«.

Teil IV

Der Top-Ten-Teil

The 5th Wave

By Rich Tennant

»Eine sehr gute Antwort.
Lassen Sie mich eine weitere Frage stellen ...«

In diesem Teil ...

genauer ausgedrückt in den folgenden kleinen Kapiteln werden Sie immer exakt zehn Unterpunkte finden, die ich in eine nicht begründete Reihenfolge gebracht habe.

Sie erfahren zehn Hinweise für Berufseinsteiger, die Ihnen helfen sollen, sich auf den Berufsstart vorzubereiten und die erste Zeit in Ihrem neuen Unternehmen erfolgreich zu gestalten.

Daran schließen sich zehn Merkmale eines guten Restaurants an, an denen Sie die Klasse der von Ihnen gewählten Lokalität festmachen können.

Also, nichts wie los und weiterlesen!

Zehn Hinweise für Berufseinsteiger

In diesem Kapitel

▶ Wie Sie sich auf Ihren Berufsstart vorbereiten können

▶ Worauf Sie bei Bewerbungen achten sollten

▶ Tipps für Ihre erste Zeit im Unternehmen

*V*ieles haben Sie nun schon über korrekte Umgangsformen im beruflichen Alltag in diesem Buch gelesen. Oder nicht? Kommen auch Sie gerade von der Universität oder aus der Ausbildung und wollen nun ins Berufsleben einsteigen?

Dann haben Sie vielleicht auch das Buch in die Hand genommen und erst einmal auf diese für Sie gegebenenfalls entscheidenden Seiten vorgeblättert. Gut so! Auf den folgenden Seiten also zehn Tipps aus der Perspektive der Etikette.

Bewerbertrainings

Bewerbertrainings erfreuen sich nach wie vor großer Beliebtheit. Das fängt bereits in den weiterführenden Schulen an. Dort versuchen Lehrer alles möglich zu machen, um ihren Schülerinnen und Schülern einen guten Start ins Berufsleben zu ermöglichen. Und das ist heutzutage sehr wichtig.

Universitäten stehen dem häufig nicht nach. Messen, auf denen sich potenzielle Arbeitgeber für Akademiker vorstellen, sind jedoch keine klassischen Trainings. Dennoch bieten sie Ihnen einen ersten Einblick in die Unternehmen.

Auch zu späteren Zeitpunkten können Sie Ihr Wissen um korrektes Verhalten im Bewerbungsverfahren immer wieder neu auffrischen. Angebote gibt es genug!

Wenn Sie sich für ein Bewerbertraining entscheiden, dann prüfen Sie bitte sorgsam den Anbieter. Idealerweise stellen Sie fest, dass es sich um einen arbeitgebernahen handelt. Vielleicht wenden Sie sich einfach an die regionale Industrie- und Handelkammer.

Die Bewerbung

In den seltensten Fällen werden Sie sich noch per Brief und mittels einer Bewerbermappe bei einem potenziellen neuen Arbeitgeber vorstellen. Wenn doch, sollten Sie einiges beachten.

Zunächst achten Sie penibel darauf, dass Sie die korrekte Anschrift benutzen. Simpel an die »Personalabteilung« zu schreiben, muss nicht zum Erfolg führen. Heißt es vielleicht eher »HR Department« oder »Recruiting«? Erkundigen Sie sich im Vorfeld.

 Auch wenn dieser Hinweis überflüssig erscheint: Der Blick ins Internet hilft!

Dazu gehört auch, dass Sie bestenfalls auch einen konkreten Ansprechpartner ausfindig machen. »Sehr geehrte Damen und Herren, ...« ist nicht sonderlich persönlich, »Guten Tag, sehr geehrte Frau Dr. Wohlsam!« schon mehr.

Seien Sie höflich, aber selbstbewusst! Vermeiden Sie zu viele Konjunktive, das wirkt unsicher und übervorsichtig. Daher: »Ich freue mich auf unser persönliches Kennenlernen!« anstelle von »Über eine Einladung zu einem persönlichen Gespräch würde ich mich sehr freuen.«

Pünktlich zum ersten Gespräch

»Pünktlichkeit ist die Höflichkeit der Könige!« Und Sie möchten doch nicht dem verarmten Landadel angehören!

Zu spät zu erscheinen ist ein absolutes Tabu. Doch was heißt in diesem Zusammenhang »pünktlich«? Richten Sie Ihre Ankunft bei Ihrem zukünftigen Arbeitgeber so ein, dass Sie ungefähr fünf Minuten vor der verabredeten Zeit am Ort des Geschehens aufschlagen. Dann können Sie sich in Ruhe anmelden und zeigen Ihr ernsthaftes Interesse.

Doch wie schaffen Sie es wirklich, innerhalb der Zeit anzukommen? Verlassen Sie sich nicht nur auf Ihr Navigationsgerät oder den Fahrplan des öffentlichen Personennahverkehrs. Optimalerweise testen Sie die Strecke schon vor dem Termin, um Baustellen, Parkplatzsuche und so weiter mit einplanen zu können. Bei der Berechnung der Anfahrtszeit bauen Sie dann noch einen ordentlichen zeitlichen Puffer ein, der ein Zuspätkommen nahezu unmöglich macht.

Sollten Sie trotz aller Vorkehrungen absehen, dass Sie es nicht mehr rechtzeitig schaffen, greifen Sie zu Ihrem Handy! Geben Sie frühzeitig Bescheid, dass und warum Sie sich verspäten. Gegen höhere Gewalt sind auch Sie machtlos.

Small Talk

Sich gut unterhalten zu können, gehört mittlerweile immer mehr zu den Eigenschaften, die Sie auf Ihrer Habenseite verbuchen sollten. Bereits wenn Sie das Gebäude des Unternehmens Ihrer Wahl betreten, haben Sie die Chance dazu.

Wenn Sie sich anmelden, können Sie sich »warmlaufen« am Empfang. Danach treffen Sie vielleicht gar nicht sofort auf Ihren eigentlichen Gesprächspartner, sondern auf dessen Assistenten oder die Sekretärin. Nutzen Sie Ihre Small-Talk-Fähigkeiten gerade hier, denn Sie kennen den Einfluss der genannten Personen auf den Entscheider nicht. Lassen Sie die Chance keinesfalls ungenutzt vergehen.

Und dann geht es gleich mit der Person weiter, die Einfluss auf Ihren beruflichen Werdegang ausüben wird. Generell beginnt ein Bewerbergespräch nicht mit harten Fakten. Jeder Personaler, jede Führungskraft lernt, zunächst das Eis zu brechen mit eher beiläufigen Fragen oder Aussagen. Was ist das anderes als Small Talk? Ihre erste Chance für einen guten Eindruck! Geeignete und weniger geeignete Small-Talk-Themen finden Sie in Tabelle 9.1.

Eher sichere Themen	Eher unsichere Themen
Wetter	Politik
Kultur	Religion
Anfahrt	Gesundheit (Krankheit)
Aktuelles Zeitgeschehen	Geld
Die letzte Reise	Ethnische Themen

Tabelle 9.1: Small-Talk-Themen

Geduld im Besprechungszimmer

Von der Assistenz werden Sie ins Besprechungszimmer geführt und: Da ist noch niemand! Keine ungewöhnliche Situation, denn Ihr Gesprächspartner dürfte einen vollen Terminkalender sein eigen nennen.

Kein Grund nervös zu werden, dennoch sollten Sie einige Hinweise durchaus ernst nehmen:

Erwarten Sie Ihren Gesprächspartner im Stehen! Damit zeigen Sie sehr prägnant Ihren Respekt. Sie dürfen sich ruhig umschauen, einen Blick aus dem Fenster oder auf das Bild an der Wand werfen. Platz nehmen können Sie später, und zwar den, der Ihnen zugewiesen wird.

Auch an den bereitgestellten Getränken bedienen Sie sich nicht selbst, sondern warten darauf, dass Ihr Gegenüber Ihnen etwas anbietet. Ausnahme: Die Assistenz fragt nach Ihrem Getränkewunsch! Optimalerweise fragen Sie nach einem Glas Wasser.

Kleider machen Leute

Auch wenn Sie es an dieser Stelle zum wiederholten Male lesen: Achten Sie auf die für den Anlass richtige Kleidung! Was Sie bei einem Bewerbungsgespräch tragen sollten, ist dabei nicht eindeutig zu beantworten.

Schließlich hat jede Branche ihre typische Kleidungsvorschrift. Bei einer Unternehmensberatung tauchen Sie natürlich streng im Business-Dresscode auf, beim Maschinenbauunternehmen vielleicht doch lieber in einer eleganten Jeans und einem Hemd oder einer Bluse mit übergeworfenem Pullover.

Besuchen Sie doch das ein oder andere Unternehmen aus der Branche, für die Sie sich entschieden haben, und beobachten Sie die Menschen dort. Vielleicht haben Sie oder eine bekannte Person auch schon einmal ein Praktikum dort gemacht. Nutzen Sie Ihr Netzwerk, um auch Ihre Kleidung optimal wählen zu können.

 Kleiden Sie sich gerne eine Spur konservativer als der Durchschnitt des Unternehmens. Doch bitte nicht übertreiben! Bewerben Sie sich als Metzgermeister in der überregionalen Schlachterei, ist der dreiteilige Nadelstreifenanzug des Guten zu viel.

Zu Tisch mit dem neuen Chef

Vielleicht schon während der Bewerbungsphase oder kurz nach Einstellung kann es Ihnen passieren, dass Ihr (potenzieller) Chef Sie zu einem Essen einlädt. Warum tut er das?

Zum einen natürlich, um Sie näher kennen zu lernen und abseits des Arbeitsumfeldes mal das ein oder andere Wort mit Ihnen wechseln zu können.

Vielleicht will er sich aber auch einen vertiefenden Blick von Ihren Fähigkeiten machen.

✔ Wie sorgfältig gehen Sie mit dem Besteck um? Handeln Sie also genauso umsichtig bei der Erstellung einer Präsentation?

✔ Reden Sie (zu) viel von sich selbst? Sind Sie also ein Selbstdarsteller ohne echtes Interesse für die Bedürfnisse Ihrer Kunden?

✔ Sprechen Sie über das normale Maß hinaus dem Alkohol zu? Verlieren Sie also die Kontrolle über sich selbst?

Das sind nur einige Punkte, auf die Sie achtgeben sollten. Klar: Die Interpretation Ihres Verhaltens bei Tisch ist äußerst subjektiv. Doch gerade die Subjektivität entscheidet mehr als häufig über die persönliche Karriere!

»Ladies first!« ist out

Hängen Sie dieser althergebrachten Form der Höflichkeit an? Dann sollten Sie sie im beruflichen Alltag schnell ad acta legen. Denn im Business gilt für Sie ein neuer Grundsatz:

»Rang« vor »Alter« vor »Geschlecht«!

Das klingt zunächst vielleicht kompliziert. Bei genauerem Hinsehen vereinfacht sich aber alles. Schauen wir uns dazu ein Beispiel an.

Begrüßung einer Gruppe

Sie sind schon längere Zeit im Unternehmen und erwarten vier Personen, die bei einem Kunden Ihrer Firma tätig sind: den 47-jährigen Bereichsleiter, seine 53-jährige Assistentin, die 34-jährige Teamleiterin und den 41-jährigen Facharbeiter. Sie kennen alle Beteiligten und wollen nun Etikette-konform die Ankömmlinge begrüßen.

Bevor Sie sich jetzt eine bestimmte Reihenfolge anhand des obigen Grundsatzes überlegen: Machen Sie es sich einfach und gehen Sie pragmatisch vor! Suchen Sie den Ranghöchsten aus, das ist in diesem Fall der Bereichsleiter, begrüßen Sie ihn als Ersten und gehen dann rechts beziehungsweise links von ihm weiter.

Die Regel dient lediglich dazu, den ersten Anlaufpunkt zu finden. Bei mehreren Gleichrangigen begrüßen Sie den ältesten von diesen zuerst. Erst, wenn auch das Alter ungefähr gleich ist, wird die Dame bevorzugt.

Andere Beispiele sind:

✔ Sie halten Ihrem Vorgesetzten die Tür auf.

✔ Das »Du« bietet der Dienstältere dem Dienstjüngeren an.

 Ein kleiner Hinweis am Rande: Im geschäftlichen Umfeld steht jeder für jeden auf! Kommt also eine Person als Letzte an den Konferenztisch, stehen alle Anwesenden zur Begrüßung mit Handschlag auf.

Der erste Tag im Unternehmen

Der Start bei Ihrem neuen Arbeitgeber ist immer etwas Besonderes. Natürlich steht es Ihnen zu, nervös zu sein. Deshalb hier eine kleine Auflistung von Tipps, die Ihnen den ersten Tag erleichtern sollen:

✔ Fragen Sie im Vorfeld, an wen Sie sich am ersten Tag wenden sollen!

✔ Seien Sie pünktlich, also bestenfalls fünf Minuten vor der verabredeten Zeit anwesend!

✔ Am ersten Tag feiern Sie keinen Einstand. Fragen Sie stattdessen nach den üblichen Gepflogenheiten diesbezüglich und terminieren Sie innerhalb der ersten beiden Wochen.

✔ Sie müssen sich nicht jedem vorstellen, aber grüßen sollten Sie immer. Lassen Sie sich bekannt machen und schreiben Sie sich im Nachgang die Namen der Personen inklusive ihrer Funktionen und Positionen auf.

✔ Sollten Sie einen Namen nicht verstehen, fragen Sie höflich nach: »Verzeihen Sie bitte. Doch bevor ich Ihren Namen falsch ausspreche, könnten Sie ihn noch einmal wiederholen?«

✔ Vermeiden Sie am Abend Ihres ersten Arbeitstages private Termine! Vielleicht sind Sie schon beim ersten Meeting dabei oder Ihr Chef lädt Sie zum Essen ein.

✔ Die Urlaubsfrage sollten Sie an späteren Tagen stellen. Tun Sie das aber bitte auch: Es ist Ihr gutes Recht.

✔ Waschräume und Kantine sind wichtige Orte. Lassen Sie sich diese zeigen.

Sicherlich fällt Ihnen noch einiges mehr ein. Mein Hauptanliegen mit dieser Auflistung habe ich hoffentlich erreicht: Sie sind sensibilisiert!

Das erste Meeting

Ist der erste Arbeitstag Vergangenheit, wartet auch schon bald das erste Meeting auf Sie. Sicherlich ein erneut spannender Moment für Sie, denn aller Voraussicht nach werden Sie nun aller Mitglieder Ihres Teams kennen lernen, wenn das nicht schon vorher erfolgt ist.

Sie können sicher sein, dass auch alle anderen neugierig auf Sie sind. Häufig erwartet man von Ihnen eine kurze Vorstellung. Überlegen Sie sich ein paar Worte im Vorfeld. Damit ist aber nicht zwingend gemeint, dass Sie sich im Auswendiglernen üben müssen.

Was interessiert nun die Kollegen? Wollen Sie wirklich alle mit Ihrem Prädikatsabschluss an der europäischen Eliteuniversität beeindrucken? Ist Ihre persönliche Zielsetzung für die nächsten zwei Jahre eher ein Versprechen oder doch eine Drohung? Ihr Lebenslauf mag aussagekräftig sein, zählt aber im Zweifel nichts mehr an der neuen Wirkungsstätte.

Öffnen Sie sich! Geben Sie ein klein wenig von Ihnen preis. Haben Sie Familie? Darauf können Sie stolz hinweisen! Haben Sie ein bestimmtes Motto? Auch das verrät viel über Ihre Person!

Schränken Sie sich zeitlich selbst ein! Ein bis zwei Minuten reichen für die eigene Vorstellung bei Weitem aus.

 Ist das Team-Meeting nicht am ersten Tag, können Sie sich auch bei einem Kollegen erkundigen, was von Ihnen bezüglich der Vorstellung erwartet wird. Das gibt zusätzliche Sicherheit!

Verhalten Sie sich in Ihrer ersten Besprechung stets konzentriert. Beobachten Sie aufmerksam, wie sich die anderen Teammitglieder verhalten, auch wie sich Ihr Chef oder Ihre Chefin gibt.

Spielen Sie sich nicht in den Vordergrund, schweigen Sie aber auch nicht die ganze Zeit. Werden Sie nach Ihrer Meinung gefragt, äußern Sie diese, ohne mit Wissen zu prahlen.

Empfehlenswert sind Verständnisfragen. Aber keine kleinkarierten, sondern diejenigen, die das Potenzial haben, die gesamte Diskussion weiter voranzubringen.

Dass Sie nicht zu spät erscheinen, versteht sich von selbst. Im Gegenteil: Kommen Sie ruhig ein paar Minuten zu früh. Nutzen Sie die Zeit, sich zu akklimatisieren! Und außerdem können Sie wieder Small Talk üben: Mit jedem Hinzukömmling lohnt es sich, ein paar Sätze zu wechseln. Damit nehmen Sie Ihrer offiziellen Vorstellung schon etwas Druck.

Häufig kommt es vor, dass der oder die »Neue« direkt das Protokoll führen darf. Tun Sie das gerne! Denn damit erhalten Sie die Möglichkeit, sich der Inhalte noch einmal gründlich anzunehmen.

Zehn Merkmale eines guten Restaurants

10

In diesem Kapitel

▶ Welche besonderen Merkmale sehr gute Restaurants haben

▶ Wofür es sich lohnt, höhere Preise zu zahlen

▶ Worauf Sie in Zukunft genauer achten können

*B*ereits in Kapitel 6 konnten Sie einiges dazu lesen, was ein gutes Restaurant ausmacht. An den schnellen Leser richtet sich dieses letzte Kapitel im Top-Ten-Teil.

Sie erfahren hier noch einmal sehr kompakt anhand von zehn Merkmalen, worauf Sie bei Auswärtsessen achten können, um festzustellen, ob Sie ein wirklich gutes Restaurant gewählt haben. Wiederholungen werden vorkommen, das ist aber nicht verwunderlich.

Und außerdem:»Lernen durch Wiederholung« kann durchaus Erfolg versprechend sein!

Der Empfang im Restaurant

Einen ersten Hinweis auf die Qualität des Restaurants erhalten Sie schon beim Betreten desselben. Genauer gesagt wissen Sie nach sehr kurzer Zeit, wie gut ausgebildet das Servicepersonal ist!

Sie betreten das Lokal Ihrer Wahl und können keinen Mitarbeiter des Servicepersonals entdecken? Kein gutes Zeichen! In einem erstklassigen Haus werden Sie in der Nähe der Tür in Empfang genommen.

Dazu gehört selbstverständlich ein Gruß sowie die Frage nach Ihrem Wunsch.

»Guten Abend! Herzlich willkommen, wie darf ich Ihnen weiterhelfen?«, klingt dabei wesentlich freundlicher und eleganter als eine dahingeworfene Frage »Zwei Personen?«!

Steht kein Mitarbeiter in der Nähe des Eingangs, so warten Sie im Türbereich darauf, dass der Service auf Sie zukommt. Laufen Sie nicht einfach selbst zu einem Tisch Ihrer Wahl!

Hintergrund ist wieder einmal das Thema Wertschätzung sowie das Grundbedürfnis nach Sicherheit (vergleiche Maslow). Sie als Gast bleiben nicht allein.

Nach dem Empfang geleitet Sie der Service optimalerweise zu Ihrem – vielleicht schon im Vorfeld bestellten – Tisch.

Die Platzeindeckung

Stehen Sie dann vor Ihrem Tisch, können Sie ein zweites Qualitätsmerkmal feststellen: die Eindeckung Ihres Platzes.

Zunächst macht es einen guten Eindruck, wenn Ihr Platz überhaupt eingedeckt ist. Damit signalisiert das Restaurant nicht, dass es keine Gäste hat, sondern im Gegenteil, dass es sich für Sie – und jeden anderen Gast – bereit gemacht hat.

Das Gedeck selbst sollte nach der Norm der Industrie- und Handelskammer angeordnet sein. In Kapitel 6 hatte ich bereits die Feinheiten vorgestellt, dort finden Sie in Abbildung 6.6 das entsprechende Bild des klassischen Gedecks.

Die Serviette

Servietten aus Papier gehören an die Imbissbude oder in die Kantine, jedoch nicht in ein exklusives Restaurant. Auch extravagant farbliche Objekte sollten Sie eher selten antreffen.

Im optimalen Fall ist die Serviette weiß, aus Stoff und darüber hinaus quadratisch. Letzteres erleichtert Ihnen natürlich das mittige Falten, die erstgenannten Punkte zeugen von schlichter, aber bewusster Eleganz.

Eine Serviette wird leider viel zu häufig als nutzbare Dekoration missverstanden. Zugegeben, ein schön gefaltetes Tuch auf Ihrem Gedeck ist sicherlich eine optische Wohltat. Wenn Sie allerdings einen Volkshochschulkurs zu japanischen Falttechniken besuchen müssen, um aus dem Kunstwerk wieder rückwärts eine Serviette zu machen, dann hat das nichts mehr mit gehobener Gastronomie zu tun.

Sie erinnern sich noch, dass Sie bei einem zeitweisen Verlassen Ihres Platzes Ihre Serviette locker auf die rechte Seite des Gedecks legen? Finden Sie bei Ihrer

Rückkehr eine neue vor, so haben Sie es mit einem sehr aufmerksamen Service zu tun.

In den Vereinigten Staaten legen Sie die Serviette auf Ihren Stuhl. Dort werden Sie noch häufiger beobachten können, dass Sie ein neues Tuch erhalten.

Das Servieren der Speisen

Auch daran erkennen Sie ein gutes Restaurant. Der Service wird Ihnen immer nach einer bestimmten Methode Speisen servieren. Mit »immer« ist dabei insbesondere gemeint, dass jeder Gast am Tisch gleich bedient wird.

Bittet der Service Sie um Hilfe, zum Beispiel sollen Sie einen über den Tisch angereichten Teller in Empfang nehmen? Unabhängig davon, dass das als Gast definitiv nicht Ihre Aufgabe sein kann, sollten Sie sich der Gefahren bewusst sein: Der Teller kann heiß sein. Vielleicht ist er nicht in Balance und kann bei falschem Griff leicht herunterfallen. Im Zweifel belassen Sie es bei Ihrer Rolle als Gast!

In Tabelle 10.1 finden Sie einen Überblick über die gängigsten Serviermethoden.

Methode	Merkmal
Amerikanische Methode (Tellerservice)	Speisen werden in der Küche auf dem Teller angerichtet und dann dem Gast von rechts serviert.
Französische Methode (Vorlegeservice)	Speisen werden auf Platten angerichtet, von links dem Gast präsentiert und von dort auf den Teller gebracht.
Englische Methode	Speisen werden am Beistelltisch – dem Guéridon – auf Tellern angerichtet und dann von rechts eingesetzt.
Deutsche Methode	Speisen befinden sich auf Platten und in Schüsseln auf dem Tisch, jeder Gast darf sich bedienen.
Darbieteservice	Speisen werden von links gereicht oder dargeboten, der Gast bedient sich von dort selbst.

Tabelle 10.1: Serviermethoden

Der Wein

Ich möchte an dieser Stelle nicht darüber philosophieren, wie umfangreich ein Weinkeller bei einem guten Restaurant sein muss oder kann. Es geht jetzt um andere Hinweise, auf die Sie achten können.

Generell sollte eine separate Weinkarte existieren. Diese sollte Ihnen einen Überblick darüber verschaffen können, welche offenen und geschlossenen Weine (also Flaschenweine) vorrätig sind.

Darüber hinaus werden Sie eine klare Gliederung nach Ländern und/oder Anbauorten vorfinden sowie die Unterteilung in Weißwein, Roséwein und Rotwein.

Ein gut ausgebildeter Service – optimalerweise ein Weinkellner – wird die bestellte Flasche bei Tisch entkorken, Ihnen zumindest aber den Korken zeigen.

 Zeigt der Weinkellner Ihnen tatsächlich den Korken, können Sie vielleicht sogar darauf hoffen, dass der Wein vom Fachmann schon gekostet wurde. Damit reduziert sich für Sie das Risiko, auf einen Wein mit Fehlton zu treffen!

Dem Gastgeber wird zunächst ein kleiner Schluck Wein zum Verkosten eingeschenkt. Nach dessen Bestätigung werden zunächst die Gläser aller Gäste – beginnend beim Ehrengast, manchmal auch bei den Damen – eingeschenkt. Erst zum Schluss wird das Glas des Verkosters aufgefüllt.

Die Rechnung

Nein, Sie können die Qualität eines Restaurants nicht am Endpreis festmachen, aber auch nicht daran, dass Sie einen Abend ohne Bezahlung genießen durften!

Sie sollten darauf Wert legen, eine »echte« Rechnung und nicht einen wie auch immer gestalteten Kassenzettel zu erhalten. Und das hat nichts mit einer vermeintlichen Anrechenbarkeit in Ihrer Steuererklärung zu tun.

Ihnen als Gast sollte immer die Möglichkeit gewährt werden, die Rechnung verdeckt, also nicht-öffentlich zu prüfen. Dazu ist es erforderlich, dass die Rechnung Ihnen in einem (Leder-)Etui gereicht wird.

Dort hinein können Sie dann auch Ihr Geld oder Ihre Kreditkarte legen, um die Rechnung zu begleichen. Wechselgeld wird Ihnen nicht offen zurückgegeben, sondern ebenfalls im Etui gereicht.

Die Speisekarte

Dass eine Speisekarte übersichtlich ist und klare Strukturen aufweist, sollte selbstverständlich sein. Ebenso, dass bei vier Personen am Tisch auch vier Speisekarten gereicht werden können, versteht sich von selbst. Über hygienische Mindestanforderungen mag ich erst gar nichts bemerken, denn schließlich gehen wir von einem prinzipiell »guten« Restaurant aus.

Werden die Karten vom Service gereicht, dann achten Sie bitte einmal darauf, wie. Im optimalen Fall bekommen die Ehrengäste die Karten zuerst; wenn diese nicht ersichtlich sind, die Damen. Die Karten sollten nicht geschlossen über den Tisch gereicht werden, sondern Ihnen vielmehr geöffnet von rechts in die Hände gegeben werden.

 Nicht immer ist eine Speisekarte erforderlich. Fragen Sie doch einfach nach der Empfehlung des Hauses! Wird diese fehlerfrei und verständlich, vielleicht schon unterstützt durch eine Getränkeempfehlung, vorgetragen, ist wieder ein Pluspunkt für das gewählte Haus zu verzeichnen.

Das Besteck

Hier geht es jetzt nicht mehr um die korrekte Platzeindeckung zu Beginn Ihres Menüs. Das setzen wir als Selbstverständlichkeit ebenso voraus wie absolute Hygiene.

Darüber hinaus leistet der Service Folgendes:

✔ Über die normale Eindeckung hinausgehende Besteckteile werden zum entsprechenden Gang nachgereicht. Dabei wird das Besteck nicht in den »nackten« Händen zu Ihnen getragen.

✔ Nicht benötigtes Besteck wird vor dem ersten Gang entfernt – zum Beispiel, wenn Sie nur drei Gänge zu sich nehmen möchten, aber für fünf Gänge eingedeckt wurde. Haben Sie zum Hauptgang Fisch bestellt, wird Ihr »normales« Messer durch ein Fischmesser ersetzt.

✔ Zu Boden gefallenes Besteck wird unauffällig entfernt und ersetzt.

✔ Das Dessertbesteck wird vor dem Servieren vom oberen Rand des Gedecks auf die Seite gezogen.

Die Fingerschale

Nicht nur, aber insbesondere wenn Sie Speisen bestellt haben, die den Einsatz Ihrer Hände erfordern – zum Beispiel Gambas –, sollten Sie Fingerschalen am Platz vorfinden.

Diese Fingerschalen – auf Tellern an jedem Platz bereitgestellt – beinhalten lauwarmes Wasser sowie Zitronen- oder Limonenscheiben.

Wichtige Komponente ist eine weitere Stoffserviette, die auf dem Teller unter der Fingerschale liegt. Mit dieser – und nur mit dieser! – sollten Sie nach Benutzen des Zitruswassers Ihre Finger trocknen.

 Ist keine Stoffserviette auf dem Teller vorhanden, verlangen Sie danach! Niemand darf von Ihnen erwarten, dass Sie die Serviette auf Ihrem Schoß zum Abtrocknen benutzen.

Werden die Fingerschalen nicht mehr benötigt, wird der Service sie unmittelbar entfernen.

»Guten Appetit!«

Eine gut gemeinte Floskel, die aber streng genommen weder Gast noch Gastgeber oder Service sagen sollten.

Zugegeben, Sie werden in den allermeisten Lokalen nicht umhinkommen, dass der Kellner genau dies wünscht. Schöner und ein Zeichen für echte Klasse sind elegantere Formulierungen.

»Wir servieren Ihnen den Rehrücken mit herbstlicher Beilage. Ich wünsche Ihnen viel Vergnügen!«

Sie haben eine andere Vorstellung von elegant? Bitte probieren Sie sie selbst in Ihrem privaten und beruflichen Umfeld aus! Falsch machen können Sie nichts. An den Reaktionen der Tischnachbarn werden Sie feststellen, worauf positiv oder eher irritiert reagiert wird.

Stichwortverzeichnis